遗传学实验教程

主　编　许文亮　李学宝
副主编　余知和　张明菊　张秀英　匡银近
编　委　（按姓氏拼音顺序排列）
　　　　　黄耿青　匡银近　李　兵
　　　　　李登弟　李　利　李学宝
　　　　　李　扬　刘致浩　任　峰
　　　　　许文亮　余知和　严镇钧
　　　　　赵福永　赵慧君　张明菊
　　　　　张秀英　张则婷

华中师范大学出版社

内 容 提 要

本实验教程根据遗传学的发展历史,以基因为线索,以模式生物为研究材料,选取了反映遗传学个体水平、细胞水平、分子水平等方面特别是分子遗传学方面的具有代表性的26个实验,体现了现代遗传学的研究进展,反映了学科发展的趋势。

本书可作为综合性大学以及理工和师范院校生物学专业本科生的遗传学实验教材,也可作为遗传学相关专业研究生的实验指导,还可作为从事遗传学教学和科研工作人员的参考书。

新出图证(鄂)字 10 号

图书在版编目(CIP)数据

遗传学实验教程/许文亮,李学宝 主编. —武汉:华中师范大学出版社,2012.6(2018.1重印)
(21世纪高等院校示范性实验系列教材)
ISBN 978-7-5622-5530-7

Ⅰ.①遗… Ⅱ.①许…②李… Ⅲ.①遗传学—实验—高等学校—教材 Ⅳ.①Q3-33

中国版本图书馆 CIP 数据核字(2012)第 108950 号

遗传学实验教程

ⓒ 许文亮 李学宝 主编

责任编辑:张晶晶	责任校对:李 彤	封面设计:罗明波
编 辑 室:第二编辑室	电话:027—67867362	

出版发行:华中师范大学出版社有限责任公司
社址:湖北省武汉市珞喻路152号
销售电话:027—67863426/67861549
邮购电话:027—67861321
传真:027—67863291
网址:http://press.ccnu.edu.cn   电子信箱:press@mail.ccnu.edu.cn
印刷:武汉兴和彩色印务有限公司   督印:王兴平
字数:268千字
开本:889mm×1194mm 1/16   印张:9.75
版次:2012年8月第1版   印次:2018年1月第4次印刷
印数:4003—5502   定价:19.80元

欢迎上网查询、购书

敬告读者:欢迎举报盗版,请打举报电话 027—67861321

前　言

遗传学不仅是生命科学的带头学科和中心课程之一，还是一门实验的科学，其研究对象包罗万象，有动物、植物、微生物等，目前的分支学科有20多门，与细胞生物学、生物化学、生态学、生理学、免疫学、生物技术、分子生物学、发育生物学、人类学、行为学等有着广泛的联系和交叉，而且每天都有新技术和新发现出现。遗传学每一次理论上的重大突破都是以实验进展为基础的，可以毫不夸张地说，离开了实验，遗传学将一事无成。

遗传学是以基因为中心，研究基因的发现、基因的结构、基因的传递、基因的表达、基因的变异等问题的一门学科。可以这样说，遗传学的发展史实际上是一部基因的发展史。在遗传学实验内容的选择及安排上，我们基本按照这一历史发展的过程，依据遗传学个体水平、细胞水平、分子水平的从宏观到微观的发展规律来选择和安排实验内容。

实验生物对遗传学的研究非常重要，应该具有以下一些基本的特点：最好是小型生物、易饲养、生活周期短、繁殖能力强、易发生突变、有较大的后代繁殖群体、基因组小、形态易于区分、有复杂的发育过程可用于遗传学分析等。遗传学研究的主要实验生物有细菌、酵母、果蝇、线虫、小鼠、拟南芥、豌豆、玉米等。在我们的实验内容体系中主要使用的材料有玉米（分离定律——玉米花粉、减数分裂——玉米花序），蚕豆（植物染色体制片、染色体组型分析、微核检测），果蝇（培养、性状分析、唾腺染色体分离与检测），酵母（单杂交、双杂交），拟南芥（核酸提取、RT-PCR、遗传转化及分析），烟草（转基因分析）等。每一种材料的实验都是一个综合大实验，这些材料基本上都是目前在遗传学、细胞生物学、分子生物学、发育生物学等基础研究中广泛使用的，它们在种植和培养上相对容易，对实验条件要求较低，实验结果易于观察，可操作性强。

遗传学实验内容，不仅要整合好经典的遗传学实验，还要能够紧靠学科发展前沿。以遗传学为基础的分子遗传学及生物技术正处于日新月异的发展中，正在对医疗、农业和环保行业产生革命性的影响，我们特别遴选了一系列这方面的实验，各个学校可根据自身条件选用。

此外，我们在大部分实验的结尾部分增添了科学史话板块，希望读者能更加详细地了解典型实验的发展历史，了解科学家的成长经历、科研团队的建设和科学家的思维，学习前后几代科学家如何将实验一步步往下深入，一代代科学家如何利用前人的成果、是盲从权威还是敢于挑战，在这个过程中，一代代科学家是如何提出新的科学问题、如何解决科学问题、如何设计实验、如何分析实验数据的……

总之，我们希望通过系统的实验训练，培养学生发现问题、提出问题、分析问题和解决问题的能力，锻炼动手操作能力，训练观察、记录、分析、判断、推理等能力以及科学地解释实验结果、清晰而逻辑严明地将结果表达出来的能力；通过遗传学实验的学习，更深刻系统地理解遗传学基本原理，比较熟练地掌握遗传学的主要研究方法和研究手段，能够使用大量现代仪器设备，跟踪学科前沿，具备独立进行遗传学实验教学和研究的能力，适应21世纪迅速发展的生命科学的需要。

本教材由华中师范大学许文亮、李学宝、任峰、黄耿青、李登弟、张则婷、李扬、刘致浩、李兵，长江大学余知和、赵福永、李利，湖北工程学院匡银近，湖北师范学院严镇钧，黄冈师范学院张明菊，湖北文理学院赵慧君，喀什师范学院张秀英共同编写。

由于编者水平有限，书中缺漏和错误之处在所难免，恳请读者不吝指正。

编　者
2012年8月

目 录

实验 1　植物细胞减数分裂的制片与观察 …………………………………………………… 1
实验 2　动物细胞减数分裂的制片与观察 …………………………………………………… 5
实验 3　分离定律的验证 ……………………………………………………………………… 8
实验 4　植物细胞有丝分裂的制片与观察 …………………………………………………… 11
实验 5　动物染色体标本的制片与观察 ……………………………………………………… 14
实验 6　核型分析 ……………………………………………………………………………… 17
实验 7　蚕豆根尖细胞微核检测技术 ………………………………………………………… 19
实验 8　果蝇培养与遗传性状的观察 ………………………………………………………… 22
实验 9　果蝇唾腺染色体观察 ………………………………………………………………… 27
实验 10　脉孢菌的有性杂交 ………………………………………………………………… 30
实验 11　细菌的三亲本杂交 ………………………………………………………………… 33
实验 12　拟南芥基因组 DNA 的提取纯化及浓度测定 …………………………………… 36
实验 13　拟南芥叶片总 RNA 的提取及浓度测定 ………………………………………… 39
实验 14　RNA 电泳检测 ……………………………………………………………………… 43
实验 15　RT-PCR 法研究基因的表达 ……………………………………………………… 46
实验 16　Northern 杂交研究基因的表达 …………………………………………………… 49
实验 17　转基因烟草 ………………………………………………………………………… 53
实验 18　拟南芥的转化及转基因植株表型分析 …………………………………………… 61
实验 19　蛋白质亚细胞定位分析 …………………………………………………………… 67
实验 20　酵母单杂交技术验证 DNA 与蛋白质的相互作用 ……………………………… 70
实验 21　酵母双杂交系统 …………………………………………………………………… 74
实验 22　蛋白质双向电泳 …………………………………………………………………… 79
实验 23　植物免疫组织化学技术 …………………………………………………………… 82
实验 24　人群中 PTC 味盲基因频率的分析 ……………………………………………… 86
实验 25　植物有性杂交技术 ………………………………………………………………… 89
实验 26　动物组织石蜡切片技术 …………………………………………………………… 94

附录　实验报告
实验 1　植物细胞减数分裂的制片与观察实验报告 ………………………………………… 99
实验 2　动物细胞减数分裂的制片与观察实验报告 ………………………………………… 101
实验 3　分离定律的验证实验报告 …………………………………………………………… 103
实验 4　植物细胞有丝分裂的制片与观察实验报告 ………………………………………… 105
实验 5　动物染色体标本的制片与观察实验报告 …………………………………………… 107

实验 6　核型分析实验报告 ·· 109

实验 7　蚕豆根尖细胞微核检测技术实验报告 ·· 111

实验 8　果蝇培养与遗传性状的观察实验报告 ·· 113

实验 9　果蝇唾腺染色体观察实验报告 ·· 115

实验 10　脉孢菌的有性杂交实验报告 ·· 117

实验 11　细菌的三亲本杂交实验报告 ·· 119

实验 12　拟南芥基因组 DNA 的提取纯化及浓度测定实验报告 ··· 121

实验 13　拟南芥叶片总 RNA 的提取及浓度测定实验报告 ·· 123

实验 14　RNA 电泳检测实验报告 ·· 125

实验 15　RT-PCR 法研究基因的表达实验报告 ··· 127

实验 16　Northern 杂交研究基因的表达实验报告 ·· 129

实验 17　转基因烟草实验报告 ··· 131

实验 18　拟南芥的转化及转基因植株表型分析实验报告 ··· 133

实验 19　蛋白质亚细胞定位分析实验报告 ·· 135

实验 20　酵母单杂交技术验证 DNA 与蛋白质的相互作用实验报告 ·· 137

实验 21　酵母双杂交系统实验报告 ··· 139

实验 22　蛋白质双向电泳实验报告 ··· 141

实验 23　植物免疫组织化学技术实验报告 ·· 143

实验 24　人群中 PTC 味盲基因频率的分析实验报告 ··· 145

实验 25　植物有性杂交技术实验报告 ·· 147

实验 26　动物组织石蜡切片技术实验报告 ·· 149

实验 1 植物细胞减数分裂的制片与观察

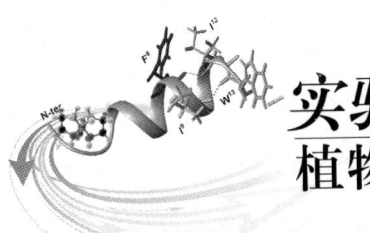

1. 实验目的

(1) 了解动植物生殖细胞的形成过程;
(2) 熟悉减数分裂各期特点;
(3) 学习生殖细胞的取材和染色体制片。

2. 实验原理

减数分裂是一种特殊的细胞分裂方式,只发生在生殖细胞形成的过程中。减数分裂的特点是细胞连续进行 2 次核分裂,而染色体只复制 1 次,从而形成 4 个只含单倍体染色体的生殖细胞。经过受精后,合子中的染色体数目又恢复到二倍体水平,因此它是维持大多数动植物染色体数目世代稳定传递的根本机制。另外,基因的分离、自由组合以及交换无不是通过减数分裂发生的,所以深入认识减数分裂对学习遗传学规律是非常重要的。

植物在花粉形成过程中,花药内的一些细胞分化成小孢子母细胞,即花粉母细胞($2n$),每个花粉母细胞进行连续的 2 次细胞分裂,产生 4 个细胞,即具单倍体染色体数(n)的小孢子或花粉。

3. 实验仪器和试剂

(1) 仪器:显微镜、解剖针、镊子、刀片、载玻片、盖玻片、吸水纸、小广口瓶、酒精灯等。
(2) 试剂:醋酸洋红、改良苯酚品红等。

4. 实验材料

玉米雄花序(每年春季清明前后将玉米种子种下,6 月中旬前后,选择玉米喇叭口以下部位手感柔软的植株,剥取雄花絮)在卡诺氏固定液(3 体积 100% 乙醇:1 体积冰醋酸)中固定 12 h~24 h,然后转入 70% 乙醇中,4 ℃ 冰箱中可保存 2 年。(注意:$2n=20$,$n=10$;种植玉米应选择向阳的田地)

5. 实验方法与步骤

(1) 选择已固定的长约 3.5 cm~4.5 cm 的玉米雄花序(大、中、小各选 1~2 个),置清洁载玻片上(除太老的分支以外,在每一个分支中,以中部偏上区域为比较成熟的部分,从此往基部为幼嫩部分。通常在一个分支上从幼嫩的部位向较为成熟的区域混合制片,可以在一个标本中看到小孢子形成过程中的各个时期。玉米小穗是成对存在的,每小穗中有 2 朵小花,各有花药 3 个,同一朵小花的 3 个花药几乎处于同一发育时期),用解剖针剥出花药(为淡绿色长囊状结构),将其转移至另一清洁载玻片上。

(2) 加 1~2 滴醋酸洋红(或改良苯酚品红)染液于花药上,用解剖针将花药捣碎,在捣碎的过程中经常将载玻片置低倍镜($4\times$ 或 $10\times$)下观察,直到较多的大细胞游离出来为止。

(3) 可将载玻片在酒精灯火焰上来回 3~4 次稍加热(均匀,勿使材料沸腾,可以使材料软化和着色,并破坏部分细胞质使染色背景清晰),继续染色 5 min~10 min(如用改良苯酚品红染液,可不加热)。

(4)用镊子取出花药残渣并弃去,加清洁盖玻片,在盖玻片上覆一小块吸水纸,用拇指加压(加压时勿使盖玻片与载玻片相对滑动)。

(5)镜检(先低倍再高倍),找出减数分裂各时期的细胞。

减数分裂各时期主要特点简介

1. 间期Ⅰ:玉米的减数分裂中,间期细胞染色质松散,核内染色较为均匀。

2. 减数第一次分裂

2.1 前期Ⅰ:整个前期持续时间长,染色体变化较为复杂,又可分为 5 个时期。

(1)细线期:染色体呈细丝状,首尾不分地绕成一团。核仁明显。

(2)偶线期:同源染色体开始配对联会。

(3)粗线期:染色体逐渐变粗变短。在好的制片中,可以数出染色体的对数。由于每条染色体已经复制为二,而着丝点还未分开,这样的染色体称为二价体。

(4)双线期:染色体更为粗短。配对的染色体开始互相排斥而分开,此时可以看到染色体的交叉现象。

(5)浓缩期(终变期):染色体最为粗短,是染色体计数的最好时期。

2.2 中期Ⅰ:核仁、核膜消失,纺锤体形成,染色体排列在细胞的赤道面上。但每对同源染色体的着丝点分处在赤道面的两侧。

2.3 后期Ⅰ:同源染色体彼此分开,移向细胞两极。由于此时着丝点未分开,所以细胞两极的染色体数是性母细胞的一半,但每条染色体中依然含有 2 条单体。

2.4 末期Ⅰ:染色体到达细胞两极后逐渐解旋。核仁、核膜重新出现,在赤道面处形成新的细胞板,1 个性母细胞分裂为 2 个子细胞。每个子细胞中含有单倍的染色体(n)。

3. 减数第二次分裂

3.1 前期Ⅱ:前期Ⅱ与有丝分裂的前期一样,每条染色体都具有 2 条单体,不同的是前期Ⅱ的细胞仅有半数的染色体(n),而有丝分裂的前期染色体数为 $2n$。

3.2 中期Ⅱ:染色体浓缩变短,着丝粒排列在细胞赤道面上,纺锤体出现,每条染色体的姊妹染色单体呈分离状态,但着丝点仍未分开。

3.3 后期Ⅱ:着丝点完成复制,彼此分开。每一染色体纵裂为二,姊妹染色单体开始移向细胞的两极。

3.4 末期Ⅱ:移向细胞两极的染色体逐渐解旋,核仁、核膜出现。在细胞的赤道面出现细胞板,每个细胞分为 2 个子细胞。

经过这样的减数分裂,1 个性母细胞分裂形成 4 个子细胞,即四分孢子,四分孢子在花粉囊中进一步发育成为花粉粒。如图 1-1 所示。

6. 注意事项

(1)注意实验材料的选择;

(2)注意区分花粉母细胞与花药壁细胞(见表 1-1)。

表 1-1 花粉母细胞与花药壁细胞的比较

	花粉母细胞	花药壁细胞
细胞形态	圆形	方形
细胞大小	较大	较小
染色程度	较浅	较深

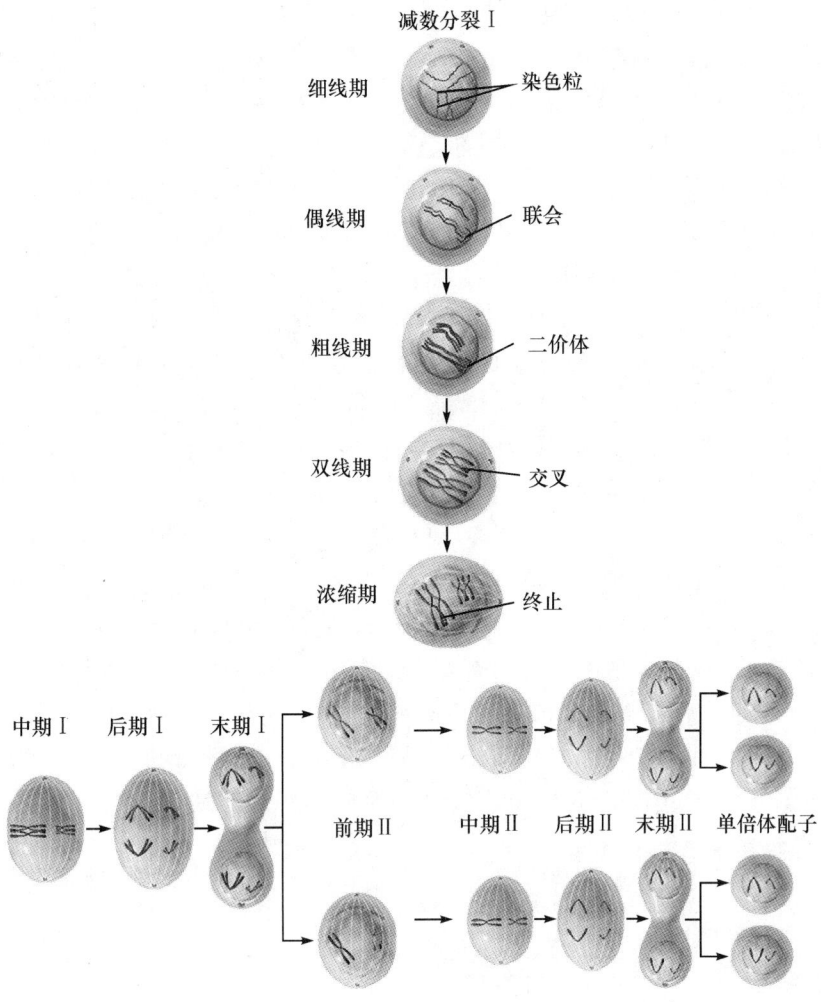

图 1-1 植物减数分裂过程模式图

7. 参考文献

[1] 杨大祥. 减数分裂的研究历史[J]. 生物学教学, 2007, 32(1): 61-63.
[2] 张贵友等编著. 普通遗传学实验指导[M]. 北京: 清华大学出版社, 2003.
[3] 刘祖洞, 江绍慧主编. 遗传学实验[M]. 2版. 北京: 高等教育出版社, 1987.
[4] 王建波等编. 遗传学实验教程[M]. 武汉: 武汉大学出版社, 2004.
[5] William S Klug, Michael R Cummings, Charlotte A Spencer. Essentials of Genetics[M]. 6th Edition. Beijing: Higher Education Press, 2008.
[6] 李雅轩, 赵昕主编. 遗传学综合实验[M]. 北京: 科学出版社, 2006.

8. 科学史话

阐明减数分裂过程实际上是几代科学家辛勤工作的结果。1883年，Caldwell与Threlfall设计并制造了第一台切片机，这种切片机能够切出足够薄的连续切片供显微观察，切片机的出现使得在显微镜下观察动植物染色体的效果大为改观。就在同一年，比利时的细胞学家Beneden做了一项重要的观察。他发现马蛔虫（Ascaris megalocephala）的受精卵中，染色体的数目为4，而卵子与精子中的染色体数则都为2，这意味着他已经看到了减数分裂的结果，但很遗憾的是，他并未对这个结果做更深入的分析，从而将能做出一项更大发现的机会拱手让给了 Weismann。实际上，Weismann 对生物学的一项更重要的贡献就是预言减数分裂的存在，1887 年，他系统地总结了前人及自己实验室对极体的研究结果。他认为，虽然极体与卵细胞比起来在大小上差别甚大，但实质上它们和卵细胞一样，是卵母细胞分裂的结果。卵母细胞产生极体的意义就在于使卵中的遗传物质减半。因为如果配子细胞中的染色体数与卵母细胞中的染色体数一致，那么，子代细胞中的染色体数将成倍地增长。他将卵母细胞形成卵子的特殊分裂方式称为 reducing division，并推论在精子形成的过程中存在着同样的过程，这就是减数分裂概念的最初来源。

  Weismann 的预言无疑是非常正确的，但弄清减数分裂的完整过程却花了研究者们很长的时间。其中一个很大的问题就是如何将减数分裂的各个时期排出个先后顺序来。在减数分裂的研究史上，Sutton 与 Carothers 两个师兄妹留下了浓墨重彩。他们俩都是 McClung 的学生，McClung 是性染色体的发现者。1902 年和 1903 年，Sutton 连续在 Biological Bulletin 上发表了两篇文章。在第一篇文章中，Sutton 描述了笨蝗染色体的形态，在这篇文章的结尾，Sutton 特别提到了在减数分裂时染色体的行为与孟德尔提出的"遗传因子"行为平行，很可能染色体即是孟德尔遗传定律的物质基础。在第二篇文章中，Sutton 进一步详细地阐述了他对染色体与遗传关系的构想。这些构想包括：在减数分裂过程中，不同对的染色体向两极分配是随机的行为，这种随机的行为就构成了孟德尔自由组合定律的基础。更为难能可贵的是，他推论，一个物种性状的数目一定多于染色体数，所以一个染色体上必然有多个基因（这即是后来 Morgan 发现的连锁遗传）。这个构想被 Sutton 的博士生导师 Wilson 命名为 Sutton-Boveri 假设。1916 年，Morgan 的助手 Bridges 用"不分离"确证了 Sutton 的染色体遗传学说。因此可以说，正是通过 Sutton-Boveri 假设，促成了新兴的遗传学与传统的细胞学联姻，使遗传学迅猛发展。

实验 2 动物细胞减数分裂的制片与观察

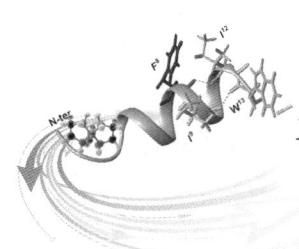

1. 实验目的

(1) 了解动物生殖细胞的形成过程；
(2) 熟悉减数分裂各期特点；
(3) 学习生殖细胞的取材和染色体制片。

2. 实验原理

雄性动物性成熟后，性腺中的原始细胞经过多次有丝分裂产生出许多核大而圆的精原细胞，体积逐渐增大成为初级精母细胞（染色体已经过复制），核中染色体聚集成团，进入减数分裂前的准备时期。1 个初级精母细胞（2n）经过第一次分裂，由于同源染色体的分离，形成 2 个染色体减半的次级精母细胞（n）。次级精母细胞较初级精母细胞体积小，每个次级精母细胞经过第二次分裂，姊妹染色单体分离，形成 2 个精细胞（n），所以 1 个初级精母细胞（2n）经过减数分裂形成 4 个精细胞（n），精细胞（n）进一步发育成为精子（n）。雌性动物性成熟后，性腺中也发生类似的过程，所不同的是 1 个初级卵母细胞（2n）经过第一次分裂，形成 1 个染色体减半的次级卵母细胞（n）和 1 个体积较小的极体（n）。次级卵母细胞（n）和极体（n）经过第二次分裂，形成 1 个卵细胞（n）和 3 个极体，3 个极体退化。

含有单倍体染色体的雌雄配子经过受精作用后，合子中的染色体数目又恢复到二倍体水平，因此它是维持大多数动植物染色体数目世代稳定传递的根本机制。另外，基因的分离、自由组合以及交换都发生在减数分裂时期，而且在减数分裂过程中，染色体将发生一系列形态结构上的变化，是我们研究动物染色体的好材料。合子包含了来自两个亲本的同源染色体，基因的分离、自由组合以及非姊妹染色单体之间的交换，增加了遗传的多样性，是生物体性状变异的重要来源，深入认识减数分裂对学习遗传学规律是非常重要的。

对动物来说，在配种季节里（无发情季节的动物为终年）精母细胞都在不断地分裂增殖形成精子，因此，取出精巢组织，经过低渗液固定等适当处理，制成细胞悬液，再用空气干燥法制片，所得标本常可观察到减数分裂各个时期的细胞。

3. 实验仪器和试剂

(1) 仪器：生物显微镜、手术刀、剪刀、镊子、表面皿、烧杯、滴管、尖底离心管、离心机（1 000 r/min）、玻璃棒、水浴锅。

(2) 试剂：生理盐水，0.075 mol/L KCl 溶液，Giemsa 染液（或改良苯酚品红染液），Carnoy（卡诺氏）固定液（甲醇∶冰醋酸＝3∶1）等。

4. 实验材料

性成熟的公鸡。

5. 实验方法与步骤

(1) 取睾丸前2 h先给实验动物经腹腔注入适量秋水仙素(约2 μg/g体重),手术法取出性成熟公鸡睾丸,投入2%柠檬酸钠溶液内,洗去血液,移入盛有适量上述溶液的小平皿,剪开被膜,用锐利的小剪刀将睾丸组织尽可能剪成小块,随即用玻璃棒研磨5 min~10 min。

(2) 将睾丸组织悬液移入尖底离心管中,200 r/min离心3 min~4 min,使块状组织沉底,用滴管吸取中层的细胞悬液2 mL~4 mL,移入另一离心管中,加入等量0.075 mol/L KCl溶液在37 ℃恒温水浴锅中低渗20 min~30 min。

(3) 取出离心管,沿瓶壁加入1 mL固定液,吹打均匀后1 000 r/min离心6 min,弃上清,得细胞沉淀。

(4) 加入新配制的Carnoy固定液5 mL,5 min后,用吸管将细胞团块轻轻打散,固定20 min。

(5) 1 000 r/min离心10 min,弃上清。

(6) 再加入Carnoy固定液5 mL,5 min后,用吸管将细胞团块轻轻打散,固定20 min。

(7) 再次1 000 r/min离心10 min,弃上清。

(8) 视细胞的多少加入适量的固定液。

(9) 制片:取一张在冰箱(0 ℃~4 ℃)中预冷的清洁载玻片,用滴管吸取1~4滴细胞悬液,用嘴吹气使细胞分散,再通过火焰使其干燥。

(10) 用6%~8% Giemsa染液(或改良苯酚品红染液)染色20 min~30 min。用清水冲洗后镜检。

(11) 镜检:找出减数分裂各个时期的细胞,如图2-1所示。

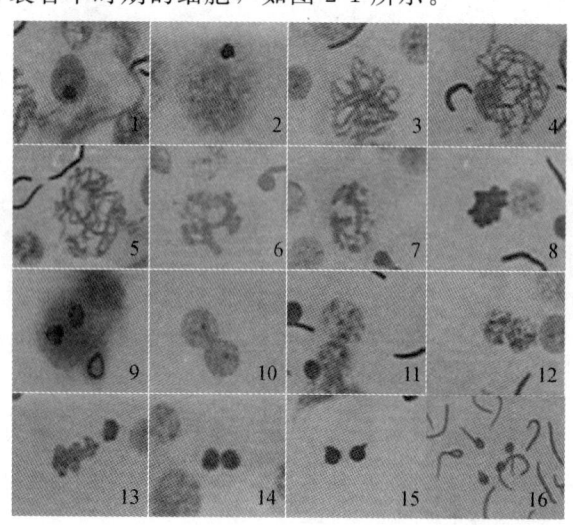

图2-1 公鸡精母细胞减数分裂各期图

1. 间期;2. 细线期;3. 偶线期;4. 粗线期;5. 双线期;6. 终变期;7. 中期Ⅰ;8. 后期Ⅰ;
9. 末期Ⅰ;10. 前期Ⅱ;11. 中期Ⅱ;12. 后期Ⅱ;13. 末期Ⅱ;14~16. 精细胞变为精子

相关试剂的配制

1. Giemsa原液

称重1 g Giemsa染料,溶于66 mL甘油中,在研钵中研细,置56 ℃恒温水浴锅90 min,冷却后,加入66 mL甲醇混合,过滤,装入棕色瓶中备用。

2. 磷酸盐缓冲液

取2.2 g $Na_2HPO_4 \cdot 12H_2O$ 和0.55 g $NaH_2PO_4 \cdot 2H_2O$ 置于100 mL容器中,加入约30 mL蒸馏水溶解后转移到容量瓶中用蒸馏水定容至100 mL,pH为7.0~7.2,储存备用。

3. Giemsa 工作液

Giemsa 原液：磷酸盐缓冲液：蒸馏水＝2：3：5。

4. 改良苯酚品红染液

原液 A：取 3 g 碱性品红溶于 100 mL 70% 酒精中（可长期保存）。

原液 B：取原液 A 10 mL 加入 90 mL 5% 苯酚（即石炭酸）水溶液中（2 周内使用）。

原液 C：取原液 B 55 mL 加入 6 mL 冰醋酸和 6 mL 38% 甲醛溶液（可长期保存）。

改良苯酚品红染液配制时，取原液 C 10 mL～20 mL，加入 90 mL～80 mL 45% 醋酸和 1.5 g 山梨醇。放置 2 周后使用，染色效果显著。

6. 注意事项

(1) 研磨公鸡睾丸组织时速度和用力要均匀适度，速度太快或用力过大则细胞碎裂；反之，用力不足或速度太慢则不能将细胞从曲细精管中压出，都将影响标本的质量。

(2) 制片吹气时向同一个方向吹气。

(3) 染色后用清水缓慢冲洗，以防水流过大使细胞脱落。

7. 参考文献

[1] 杨大祥. 减数分裂的研究历史[J]. 生物学教学，2007，32(1)：61-63.

[2] 蔡有余，吴旻. 哺乳类动物减数分裂标本的简易制作方法[J]. 科学通报，1979(6)：282-284.

[3] 卢龙斗等编著. 遗传学实验技术[M]. 北京：科学出版社，2007.

[4] 张根发主编. 遗传学实验[M]. 北京：北京师范大学出版社，2010.

[5] 李雅轩，赵昕主编. 遗传学综合实验[M]. 北京：科学出版社，2006.

实验 3 分离定律的验证

1. 实验目的

(1) 通过果蝇一对相对性状的杂交实验，分析杂种后代的性状表现，验证分离定律；
(2) 掌握基本的遗传结果记录及统计分析（适合度检验）方法。

2. 实验原理

孟德尔分离定律：杂合体中决定某一性状的成对遗传因子，在减数分裂过程中，彼此分离，互不干扰，使得配子中只具有成对遗传因子中的一个，从而产生数目相等的、两种类型的配子，且独立地遗传给后代。

按照孟德尔定律，一对相对性状的双亲杂交产生 F_1 代，表现显性性状，自交 F_2 代出现显性与隐性之比为 3∶1；测交后代显性与隐性之比为 1∶1。根据 F_2 代和测交后代的表型数计算出卡方值，查概率表，得出结论。

分离定律的实质是成对的基因（等位基因）在配子形成过程中彼此分离，互不干扰，因而配子中只具有成对基因的一个。

分离定律可用测交法进行验证。测交法即把被测验的个体与隐性纯合的亲本杂交。根据测交子代 F_t 表现型的种类和比例，确定被测个体的基因型。因为隐性纯合体只能产生一种含隐性基因的配子，它和某一种配子结合，其子代将只能表现出它所结合的那一种配子所含基因的表现型。所以测交子代表现型的种类和比例正好反映了被测个体所产生的配子的种类和比例。

3. 实验仪器和试剂

(1) 仪器：显微镜、双筒解剖镜或放大镜、恒温培养箱、高压灭菌锅、培养瓶、麻醉瓶、白瓷板、毛笔、石棉网、棉签、吸水纸、牛皮纸、小镊子等。
(2) 试剂：乙醚、玉米粉、白糖、酵母粉、琼脂、丙酸。

4. 实验材料

黑腹果蝇（*Drosophila melanogaster*，$2n=8$）的两个品系：野生型的常（长）翅果蝇（＋/＋）和突变型的残翅果蝇（vg/vg）。如图 3-1 所示。

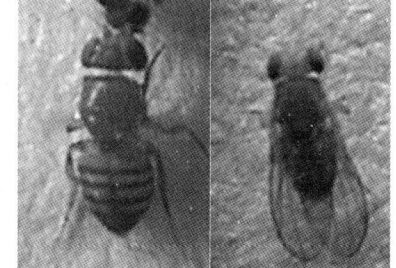

图 3-1 果蝇的残翅（左）和常翅（右）

5. 实验方法与步骤

(1) 制备饲养果蝇的培养基

① 培养瓶、棉塞灭菌：培养果蝇用的容器可以采用较粗的试管或广口瓶，这些容器均需在实验前进行高温灭菌才能使用。

② 培养基配制：果蝇是以酵母菌作为主要食料的，因此实验室内凡能发酵的基质，都可用作果

蝇饲料。常用的饲料有玉米饲料、米粉饲料、香蕉饲料等。

果蝇玉米饲料配方如下：

水 100 mL，琼脂 1.0 g，白糖 6.5 g，玉米粉 8.5 g，丙酸 0.5 mL，酵母粉少许。

具体操作是：取应加水量的一半，加入琼脂，煮沸，使充分溶解，加糖，煮沸溶解；取另一半水混和玉米粉，加热，调成糊状。将上述两者混和，煮沸。以上操作过程中都要搅拌，以免沉积物烧焦。稍冷后加入丙酸，充分调匀后分装到灭过菌的试管中，每管撒酵母粉少许。

注意在分装时不要把培养基倒在瓶壁上，否则要用棉签将瓶壁擦干净。

(2) 亲本种蝇的准备

在两种种蝇中进行处女蝇的收集：分别释放两种种蝇的成蝇，让蛹羽化为成虫，一般雌蝇羽化后 6 h～8 h 不交配。在此之前挑选出的雌蝇即为处女蝇（亲本必须是处女蝇）。雌雄个体分开饲养。

具体做法是：首先将一种种蝇的成蝇麻醉（麻醉方法：取一麻醉瓶，瓶口与培养瓶大小相仿。取一棉花塞，在塞入瓶口的一面滴加 3 滴乙醚。将果蝇转入麻醉瓶内，翻转麻醉瓶使瓶口朝上，迅速将滴有适量乙醚的棉塞盖住麻醉瓶瓶口。约 1 min 后观察果蝇的表现，若果蝇从瓶壁上纷纷落到瓶底，表示麻醉已生效）。转移麻醉后的果蝇时，应用毛笔的笔尖蘸取。

再麻醉：观察或计数过程中，果蝇可能苏醒，可准备一玻璃培养皿，内以胶带贴一小块棉球，上面滴加适量乙醚，培养皿皿口朝下置于一旁备用，如见果蝇翻身爬动可将培养皿皿口朝下盖于果蝇上方，待其麻醉后再移开。果蝇死亡时表现为翅膀与身体呈 45°角（如图 3-2 所示）。但如果是麻醉鉴别后再进行转移培养，就应避免麻醉至死。转移果蝇至新培养瓶或麻醉瓶的方法：取一新培养瓶，略为松动棉塞，放置于右手侧，取欲转移果蝇培养瓶于左手侧，以左手握住瓶颈，两指轻扣棉塞顶部，以右手轻拍瓶底使果蝇掉落于培养基表面，左手拔起棉塞以两指夹住，右手两指夹住新培养瓶棉塞，并将新培养瓶倒扣于旧培养瓶上，再以左手握住两瓶口相接处，翻转使新培养瓶位于下方，然后以右手掌心轻拍旧培养瓶瓶底，使果蝇掉落于新培养瓶内（如图 3-3 所示），迅速盖上各瓶棉塞。转移果蝇时，为避免麻醉的果蝇直接掉落于培养基表面而粘着于培养基表面致死，可将培养瓶横放，将麻醉的果蝇倒于瓶壁，待其苏醒后再将培养瓶正立。

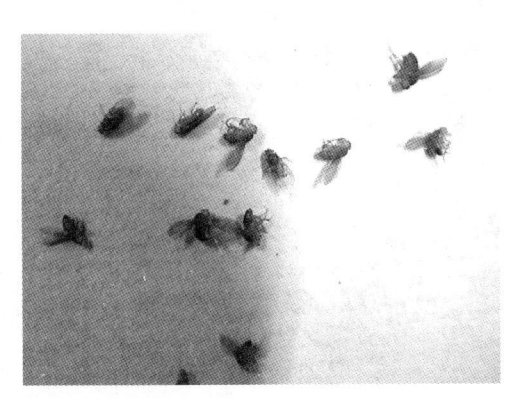
图 3-2 死亡果蝇的识别

图 3-3 果蝇的麻醉或转移

将麻醉的果蝇倒在白瓷板上，仔细辨认雌雄，分别放在不同试管中饲养。另一种蝇用同样的方法处理。

为准确地配置果蝇的杂交组合，分析果蝇遗传性状，首先要能够准确辨别果蝇的性别。果蝇的雌雄鉴别方法是将麻醉后的果蝇放在解剖镜下仔细观察，区别雌雄果蝇的差异（见表 3-1）。在雌雄差异中，以性梳的差异作为鉴别特征最准确。在观察性梳时可以用解剖镜观察，也可以用低倍的显微镜观察。

表 3-1 雌、雄果蝇的主要差异

雌蝇	雄蝇
体型较大	体型较小
腹部椭圆形,末端稍尖	腹部末端钝圆
腹部背面5条黑纹	腹部背面3条黑纹,最后一条延伸至腹面成一黑斑
无性梳	第一对足第一跗节有性梳

(3)杂交

正交：vg/vg(♀)×+/+(♂)

反交：+/+(♀)×vg/vg(♂)

正交操作方法：先将残翅处女蝇倒出麻醉,挑选5只放进水平放置的杂交瓶中,再把常翅处女蝇倒出麻醉,挑选5只雄蝇,放入上述杂交瓶中。等果蝇都苏醒后再将杂交瓶直立,并贴上标签(注明组合名称、杂交日期、小组编号,也可直接用记号笔写明)。移入25℃培养箱中培养。

按照同样方法做好反交。

(4)6 d～7 d 后,待幼虫出现,释放杂交亲本(记日期)。成蝇要放飞干净。

(5)4 d～5 d 后,连续观察记录 F_1 代性状,并统计数量(麻醉后倒在白瓷板上进行统计)。

(6)选出正、反交各5对～6对 F_1 代雌、雄蝇,分别移入新试管,在25℃培养箱中培养。同时选出5只雌蝇与5只残翅雄蝇进行测交。

(7)6 d～7 d 后释放 F_1 代和测交亲本(记录日期)。

(8)4 d～5 d 后, F_2 代和 F_t 代成蝇出现,连续观察统计各种性状。

验证分离定律的另一可选方案

基因的分离也可以通过 F_1 花粉粒某些性状的分离而观察到。如水稻、玉米、高粱、谷子等作物的花粉粒中的淀粉,有糯质和非糯质之分。糯质含支链淀粉多,遇碘呈棕色;非糯质含较多的直链淀粉,遇碘呈蓝色。这是一对等位基因的差别,非糯(Wx)对糯(wx)是显性。形成配子时,两种淀粉的花粉粒理论上数量相等。

种植非糯质(WxWx)和糯质(wxwx)两种基因型的玉米植株,待雄蕊抽出、即将开花前套袋,于上午露水干时(9:00左右),轻拍纸袋,收集花粉,另将上述两种基因型的玉米植株雌蕊套袋杂交(正交或反交)得 F_1 种子,将 F_1 种下,按上述方法收集花粉,干燥保存。

用牙签(或大头针)蘸取少量杂种一代(F_1)花粉于干燥清洁的载玻片上,加1滴 KI-I_2 液,混匀,加盖玻片,在低倍镜(4×或10×)下区别糯质和非糯质花粉粒色泽,按五点取样法统计 F_1 花粉粒中糯质和非糯质花粉粒的数目,总数不得少于200粒。进行卡方测验。

6. 注意事项

(1)麻醉剂的使用：乙醚有毒且挥发性强,使用时要注意随时盖好瓶盖,防止乙醚挥发。

(2)麻醉深度：麻醉果蝇时要防止麻醉过度,影响继代培养。

(3)要准确识别雌雄果蝇。

7. 参考文献

[1] 张文霞,戴灼华主编. 遗传学实验指导[M]. 北京：高等教育出版社,2007.

[2] 王建波等编. 遗传学实验教程[M]. 武汉：武汉大学出版社,2004.

[3] 刘祖洞,江绍慧主编. 遗传学[M]. 北京：高等教育出版社,1987.

[4] 徐晋麟,赵春耕主编. 基础遗传学[M]. 北京：高等教育出版社,2009.

[5] 王亚馥,戴灼华主编. 遗传学[M]. 北京：高等教育出版社,2008.

实验 4 植物细胞有丝分裂的制片与观察

1. 实验目的

(1)掌握染色体制片方法；
(2)观察染色体动态变化。

2. 实验原理

具有自我复制能力是生命的一个基本特征。单细胞生物可以通过细胞分裂直接复制自身，而多细胞生物从受精卵开始，通过有丝分裂使细胞不断增殖，再经过一系列复杂的分化过程形成新一代个体。一般来说，只要能够进行细胞分裂的植物组织或是单个细胞都可以作为观察染色体的材料。如植物的顶端分生组织(根尖或茎尖)、居间分生组织(禾本科植物的幼茎及叶鞘)、愈伤组织和胚乳、萌发的花粉管等，在这些组织内不断进行着细胞分裂。只要适时取材，并加以固定、离析、染色等处理后制成染色体玻片标本，即可利用显微镜对有丝分裂和染色体进行观察。这也是细胞遗传学最基本和常用的方法，在物种亲缘关系鉴定、染色体变异、杂种分析等工作中有着广泛的用途。

根尖是指从根的顶端到着生根毛部分的这一段。根尖可以分为四个部分：根冠、分生区、伸长区和根毛区。根冠是由薄壁细胞组成的帽状结构，位于根尖的顶端，包围着根尖的分生区。分生区位于根冠内侧，全长 1 mm～2 mm，是分裂产生新细胞的主要地方，又称生长点。分生区是典型的顶端分生组织，因此细胞具有顶端分生组织的特点。伸长区位于分生区稍后部分，此区细胞分裂活动越来越弱，并逐渐停止，而细胞体积却不断扩大，并沿着根的纵轴方向伸长。伸长区的长度为 2 mm～5 mm，外观较为透明洁白，可与生长点相区别。此区细胞除显著伸长外，在后端的部分细胞已加速了分化，开始出现了早期的各种组织，并不断地向根毛区过渡。

3. 实验仪器和试剂

(1)仪器：显微镜、解剖针、镊子、刀片、载玻片、盖玻片、吸水纸、小广口瓶、酒精灯。
(2)试剂：醋酸洋红、改良苯酚品红等。

4. 实验材料

蚕豆根尖。

5. 实验方法与步骤

(1)材料培养：蚕豆种子充分浸种，发芽后埋在干净的湿沙中培养，或者直接种入地里，待根长到1 cm～1.5 cm 长时，进行前处理。

(2)前处理：剪下根，在 14:30～17:30 时间段用 0.05% 秋水仙素浸泡，过夜。前处理的目的是降低细胞质的黏度，使染色体缩短分散，防止纺锤体形成，让更多的细胞处于分裂中期。

(3)固定：乙醇—冰醋酸(3∶1)固定液固定 4 h～24 h 以后，转入 70% 乙醇中，4 ℃冰箱保存。固定的目的是采用渗透力强的固定液将植物的组织、细胞迅速杀死，使蛋白质沉淀，并尽量使其保持原有状态。一般情况下，经过固定的材料马上进行染色效果较好，染色清晰而且染色体易分散。若在70%乙醇中保存时间过长，会导致细胞质也易着色，并且染色体有不同程度的粘结，分散性差。

（4）酸解：注意酸的浓度、温度、处理时间。将固定好的幼根放入 eppendorf 管中，用蒸馏水浸洗 2 次，除去水后加入 1 mol/L HCl 溶液将幼根泡住，放入 60 ℃水浴中水解 8 min～12 min 左右（水解时间与水温有反相关关系），待幼根软化（同时变为半透明）即可取出，用蒸馏水浸洗幼根 2 次，5 min/次。解离的目的是使分生组织细胞间的果胶质分解，细胞壁软化或部分分解，使细胞和染色体容易分散压平。

（5）压片：将幼根放在载玻片中央，切取根尖部分，滴上几滴改良苯酚品红（或醋酸洋红）染液，染色 15 min 左右，盖上盖玻片。一个解离良好的材料，只要用镊子尖轻轻地敲打盖玻片，分生组织细胞就可铺展成薄薄的一层，再用吸水纸把多余的染液吸掉，经显微镜镜检后，选择理想的分裂细胞，再在这个细胞附近轻轻敲打，使重叠的染色体渐渐分散，就能得到理想的分裂相。压片操作必须掌握以下两点：①压片材料要少，避免细胞紧贴在一起，致使细胞和染色体没有伸展的余地；②用镊子敲打盖玻片时，用力要均匀，若在压片时不注意，使个别染色体丢失，会导致被迫放弃一个有良好的分裂相的细胞。用醋酸洋红染色时，可盖上盖玻片，在酒精灯上稍稍加热（但注意不能煮沸），这样可使材料更易软化和着色，并破坏部分细胞质而使染色背景清晰。用改良苯酚品红染色时要把握好盐酸解离时间，解离时间过长或过短都可能导致染不上色，染色正常时只有细胞核及染色体被染上紫红色而细胞质不着色。

（6）镜检观察。

有丝分裂各时期主要特点简介

1. 前期：细胞核染色质开始浓缩，逐渐变粗变短，形成早期的染色体。
2. 中期：核膜完全消失，染色体排列在赤道板上。
3. 后期：姊妹染色单体分离，产生 2 条子染色体。
4. 末期：子染色体向两极的迁移完成，核分裂完成，每个细胞有 2 个细胞核。如图 4-1、图 4-2 所示。

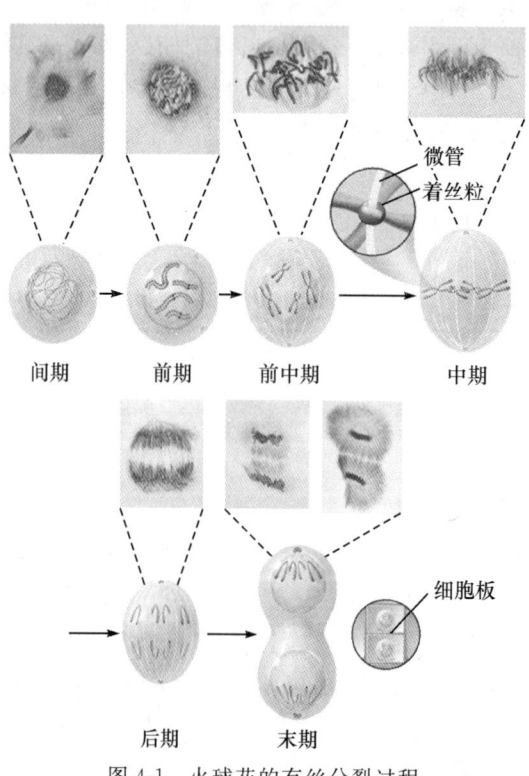

图 4-1　火球花的有丝分裂过程

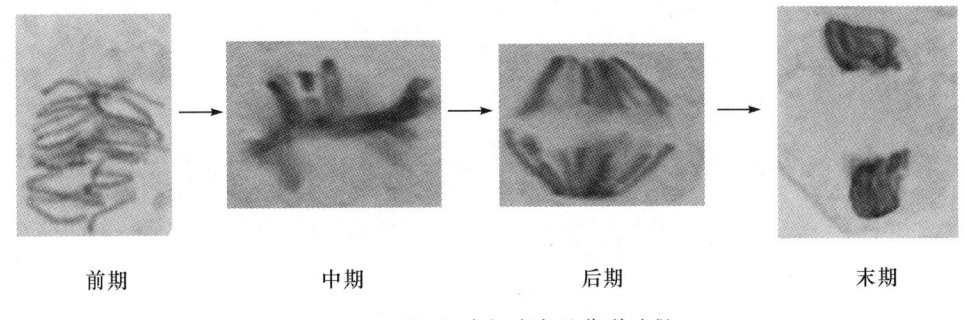

| 前期 | 中期 | 后期 | 末期 |

图 4-2 蚕豆根尖细胞有丝分裂过程

6. 注意事项

（1）由于取材方便，根尖成为观察植物染色体最常用的材料。有些植物，其种子难以发芽，或仅有植株而无种子，也可用茎尖作为材料。

（2）植物细胞分裂周期的长短不尽相同，通常在十到几十小时之间，温度明显地影响分裂周期，对于一个不太熟悉的实验材料，最好在特定温度下长根，掌握其有丝分裂高峰期，以便得到更多的有丝分裂的细胞。

7. 参考文献

[1] 任衍钢，宋玉奇. 有丝分裂是怎样发现的[J]. 生物学通报，2007，42(3)：61.

[2] William S Klug, Michael R Cummings, Charlotte A Spencer. Essentials of Genetics[M]. 6th Edition. Beijing: Higher Education Press, 2008.

8. 科学史话

最早对有丝分裂的认识开始于发现细胞核与细胞分裂有关。波兰生物学家 Remak Robert 在 1841 年发表了 2 篇论文，他清楚而准确地记载了鸡幼胚有核红血细胞分裂成为 2 个带核子细胞的全过程，并把这一现象当作细胞分裂机制最直接的证据。因此，学者们认为他可能是看到细胞核分裂的第一人。但由于显微技术的限制，当时的许多科学家并没有把染色体与细胞分裂联系起来。瑞士植物学家 Karl Wilhelm von Nageli 被认为是看到染色体的第一人。在其 1842 年出版的著作中他写道，百合和紫露草细胞核在分裂过程中被一群很微小、生存时间很短的微结构所替代，他还提供了一个微结构的显微图，不过他所绘制的微结构显微图与现在所看到的染色体差异很大。1848 年，W Hofmeister 通过研究紫露草小孢子母细胞及雄蕊顶端组织细胞核分裂过程，发现细胞在分裂前虽然核膜消失了，但细胞核的基本成分却始终存在于细胞中。他用碘液染色的方法证实了 Nageli 著作中所说的微粒（后来被命名为染色体）的存在。W Hofmeister 在其 1849 年出版的专著中已经精确地记载了紫露草、西番莲科和松树中所观察到的有丝分裂过程，包括：细胞分裂前期细胞核形态的变化，核膜的消失，细胞中期纺锤体和染色体的复合结构，细胞分裂后期 2 组染色体的产生，细胞分裂末期核膜的重新形成以及在 2 个子细胞中间出现细胞壁。由于受显微观察技术的限制，对动物细胞的研究明显滞后于对植物细胞的研究。在 W Hofmeister 报道植物细胞分裂 20 年以后(1871)，生物学家 Kowalevski Alexander 通过对线虫、蝴蝶和其他节肢动物的胚胎发育过程的研究，绘出了动物有丝分裂后期纺锤体和染色体的结构图。

实验 5
动物染色体标本的制片与观察

1. 实验目的

(1) 了解常用实验动物染色体的数目及特点；

(2) 初步掌握动物骨髓染色体标本制备过程，了解操作步骤的原理。

2. 实验原理

染色体是细胞内具有遗传性质的物体，易被碱性染料染成深色，所以叫染色体(染色质)，是遗传物质——基因的载体。每一种生物的染色体数是恒定的。多数高等动植物是二倍体(diploid)，也就是说，每一体细胞中有两组同样的染色体(有时与性别直接有关的染色体即性染色体可以不成对)。亲本的每一配子带有一组染色体，叫做单倍体(haploid)，用 n 来表示。两个配子结合后，具有两组染色体，叫做二倍体，用 $2n$ 表示。真核生物细胞染色体的数目和结构是重要的遗传标志之一。

染色体的分析往往是选择细胞处于活跃增殖状态，或者经过各种处理后细胞进入分裂的动物组织。在正常性成熟动物体内，精巢是处于不断有丝分裂的组织之一。在动物实验时，可在取材前经腹腔给动物注射一定剂量的有丝分裂抑制剂，一般常用秋水仙素，即可使许多处于分裂的细胞停滞于中期，然后采用常规空气干燥法制备染色体，即可得到大量可分析的染色体标本。

3. 实验仪器和试剂

(1) 仪器：手术刀、手术剪、镊子、试管架、解剖盘、注射器及针头、吸管、离心管、离心机、玻片、天平、烧杯。

(2) 试剂：0.4%秋水仙素溶液、0.075 mol/L KCl 溶液、2%柠檬酸钠溶液、固定液(甲醇∶冰醋酸=3∶1)、改良苯酚品红染液。

4. 实验材料

性成熟的小白鼠。

5. 实验方法与步骤

(1) 腹腔注射秋水仙素溶液预处理：取骨髓前 3 h～4 h，向健康小鼠腹腔注入秋水仙素(10 μg/mL)0.3 mL～0.4 mL。

(2) 取骨髓：取经秋水仙素处理的小鼠，损伤脊髓法处死，立即用清洁的剪刀剪掉大腿上的皮肤和肌肉，暴露出股骨及其两端相连的关节和膝关节。再进一步清除股骨上残余的肌肉，然后从股骨两端关节头处剪下股骨，立即用2%柠檬酸钠溶液冲洗干净。剪掉股骨两端膨大的关节头，使其露出骨髓腔，用吸有适量柠檬酸钠的注射器，从股骨的一端插入注射器针头，将骨髓吹入10 mL刻度离心管中，可反复吹洗数次，直至股骨变白为止。此时离心管中的细胞悬浮液可达 4 mL～5 mL。

(3) 低渗处理：将所获得的细胞悬浮液经1 000 r/min离心 10 min，弃上清，加 0.075 mol/L KCl

溶液6 mL~8 mL，立即将细胞团吹散打匀，在37 ℃水浴下静置30 min，中间用吸管吹打1次。

(4)固定：沿管壁加6 mL~8 mL新配制的3∶1甲醇—冰醋酸固定液，马上吹散细胞团，使其在固定液中悬浮均匀。静止固定30 min，即第一次固定，1 000 r/min离心10 min，弃上清，再次加入3∶1甲醇—冰醋酸固定液6 mL~8 mL，进行第二次固定。30 min后1 000 r/min离心10 min，弃上清，再用1∶1甲醇—冰醋酸固定液进行第三次固定。20 min后1 000 r/min离心10 min，弃上清，仅留0.1 mL~0.2 mL的细胞团和上清液，再加1∶1甲醇—冰醋酸固定液2~3滴(视细胞多少适当加减滴数，大约5倍于细胞的体积)，摇匀制成细胞悬液。

(5)滴片：取事先在2 ℃~4 ℃预冷的载玻片，滴2~3滴细胞悬液于载玻片上(滴时保持1尺约33 cm的高度)。立即用吸管轻轻吹气，使细胞迅速分散(向同一个方向吹气)。

(6)干燥：将制片平放或45°角斜放，在酒精灯上用文火烘干。

(7)染色：在载玻片的正面用记号笔做好标记，然后将载玻片用改良苯酚品红染液染色10 min~15 min，或直接将改良苯酚品红染液滴加在有细胞悬液痕迹的部位上进行染色(此时应避免灰尘污染)。

(8)去浮色：染色结束后用蒸馏水将染料轻轻冲去，或用自来水轻轻冲洗，洗去多余的染料，在室温下自然晾干。

(9)镜检观察：先在低倍镜下观察染色之后的中期分裂相的形态，然后在高倍镜下选择分散适度、不重叠的染色体的分裂相(如图5-1所示)，在油镜下(100×)进行小鼠染色体特征观察，识别着丝点、染色单体、染色体，计算二倍体(2n)的染色体数目。

6. 注意事项

(1)秋水仙素有剧毒，在预处理时注意做好保护措施。

(2)固定后制成细胞悬液时要掌握滴加固定液的多少，细胞悬液的浓度过大或过小都会影响观察效果。

(3)弃上清操作时，避免将细胞带走。

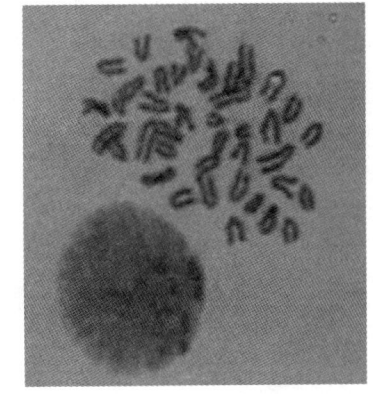

图5-1　小鼠染色体

7. 参考文献

[1] 杨大祥. 减数分裂的研究历史[J]. 生物学教学，2007，32(1)：61-63.

[2] 张贵友等编著. 普通遗传学实验指导[M]. 北京：清华大学出版社，2003.

[3] 张根发主编. 遗传学实验[M]. 北京：北京师范大学出版社，2010.

[4] 卢龙斗等编著. 遗传学实验技术[M]. 北京：科学出版社，2007.

[5] Thomas R M, Robert L H. Genetics: Laboratory Investigations[M]. New Jersey: Prentice Hall, Upper Saddle River, 2001.

[6] 张文霞，戴灼华主编. 遗传学实验指导[M]. 北京：高等教育出版社，2007.

8. 科学史话

从施莱登和施旺创立了细胞学说以来，人们相继发现了细胞里的原生质，发现了体积约为细胞十分之一的细胞核，发现一切细胞都是细胞分裂自生的。1848年，德国植物学家霍夫迈斯特在花粉母细胞中隐约看到了核内的丝状物和粒状的东西，当时他并没意识到这就是染色质或染色体。直到1879年德国生物学家弗莱明(1843—1905)发现了细胞中的染色体，又发现用碱性苯胺染料可让透明的细胞核内的微粒物质着色，这些东西平时散漫地分布在细胞核中，当细胞分裂时，散漫的染色物体便浓缩，形成一定数目和一定形状的条状物，到分裂完成时，条状物又疏松为散漫状。由此他得出结论："细胞分裂时染色体准确均等地分装和分配。"

他用这种方法看到了细胞分裂的全过程：微粒状的染色质先聚集成丝状，再分成数目相同的两半，形成两个细胞核，生成两个细胞。因此，弗莱明把细胞分裂叫做有丝分裂。1888年，德国生物学家瓦尔德尔称聚集的染色质为"染色体(Chromosome)"，这一名称一直沿用至今。人们还发现，每种动植物的细胞里都有特定数目的染色体。在细胞分裂之前，染色体先行复制一次，因而有丝分裂后的子细胞具有和母细胞中数目一样多的染色体；而经过减数分裂后的生殖细胞，每个精细胞和卵细胞的染色体数目都只有体细胞的一半。

实验 6 核 型 分 析

1. 实验目的

(1) 学习和掌握生物核型分析的基本原理和方法；
(2) 了解人类染色体的特征。

2. 实验原理

动物、植物、真菌等真核生物的某一个体或某一分类群(亚种、种、属等)的体细胞内具有相对恒定特征的单倍或双倍染色体组。染色体的特征在细胞有丝分裂中期最为稳定，易于观察，包括染色体的数目、长度、着丝粒的位置、随体(指某些染色体末端的球形小体，由着色浅而狭细的副缢痕与染色体臂相连)与副缢痕的数目、大小、位置以及异染色质和常染色质在染色体上的分布等。将一个染色体组的全部染色体逐条按其特征排列起来形成的图称为染色体组型，又称核型(karyotype)。核型的模式表达称为核型模式组成或核型模式图(idiogram)，它是将一个染色体组的全部染色体按其特征画下来，再按长短、形态等特征排列起来的图形，这是一种通过许多细胞染色体的测量，取其平均值绘制的理想的、模式化的染色体组成。

由于许多物种的各个染色体靠普通的制片染色方法不易精确地识别和区分，于是人们便用各种特殊的处理和染色方法使各条染色体显示出各自的横纹特征，此即显带技术。常用的显带技术所显示的带型有 Q 带、G 带、R 带、C 带、T 带等。核型及其各种带型是动物、植物、真菌在染色体水平上的表型。

研究和比较各种动物、植物、真菌的核型和带型有助于对各个种、属、科的亲缘关系作出判断，揭示核型的进化过程和机制。此外，核型的研究又和人类自身利害密切相关，它的数目和结构的改变往往给人类带来遗传性疾病——染色体病；肿瘤细胞的核型分析已被应用于肿瘤的临床诊断、愈后及药物疗效的观察；通过培养后的淋巴细胞或皮肤成纤维细胞的核型分析，可以对人的染色体病进行诊断，而对培养后的羊水中的胎儿脱屑细胞或胎盘绒毛膜细胞的核型分析则可用于对胎儿的性别和染色体病的产前诊断。

3. 实验仪器

直尺、剪刀、细线等。

4. 实验材料

蚕豆细胞($2n=12$)有丝分裂中期相染色体放大照片(放大倍数：1 600 倍)。

5. 实验方法与步骤

(1) 观察并测量放大照片中染色体的如下数据。
① 臂比=长臂(q)/短臂(p)。
臂比值与着丝粒位置关系如下：

1.0~1.7：中央着丝粒(m)；

1.7~3.0：亚中着丝粒(sm)；

3.0~7.0：近端着丝粒(st)；

7.0 以上：端着丝粒(ot)。

② 着丝粒指数＝短臂/该染色体长度×100%。

③ 总染色体长度＝该细胞单倍体染色体组全部染色体(包括性染色体)长度之和。

④ 相对长度＝每一染色体长度/总染色体长度×100%。

⑤ 绝对长度＝单一染色体测量长度(μm)/放大倍数。

(2)用剪刀沿染色体边缘剪下全部染色体，根据形态及上述测得数据，进行同源染色体配对排列，要求：染色体从大到小，短臂向上，长臂向下，各染色体着丝粒排在同一直线上。有特殊标记的染色体(如含有随体的)及性染色体可单独排列。

6. 注意事项

测量染色体之前，应仔细观察各染色体，准确判断着丝粒即初级缢痕的所在位置。

7. 参考文献

[1] 孙开来等编著. 人类发育与遗传学[M]. 北京：科学出版社，2004.

[2] 陈竺等编著. 医学遗传学[M]. 北京：人民卫生出版社，2005.

8. 科学史话

"核型"一词首先由苏联学者 T. A. 列维茨基和 Л. 杰洛涅等在 20 世纪 20 年代提出。1952 年，美籍华裔细胞学家徐道觉首先采用低渗处理技术使细胞内的染色体分散而便于观察；后来发现用秋水仙素处理可使细胞停止于分裂中期，从而获得大量可供观察的中期分裂相；植物凝血素(简称 PHA)能刺激白细胞分裂的发现，使得以血培养方法观察动物与人的染色体成为可能。随着各种培养、制片、染色技术的改进，核型的研究进入了蓬勃发展的新阶段。1956 年瑞典细胞遗传学家蒋有兴等报告了人的染色体数是 46 条而不是过去美国遗传学家 Paint 提出的 48 条。1959 年以后在人类中发现越来越多的各种各样的染色体异常。1960 年 4 月在美国 Denver 市召开了第一届国际细胞遗传学会议，讨论并确定正常人核型的基本特点，对人的染色体分群和命名的术语、符号、方法等作了统一规定，此即 Denver 体制。Denver 体制将人类体细胞的 46 条染色体，按其长度、着丝粒位置等特征分为 23 对，7 个组，其中第 1~22 对染色体男女相同，称为常染色体；另外一对主要与性别有关，称为性染色体。女性的性染色体为两条形态相同的 XX 染色体，男性则有一条 X 染色体和一条形态较小的 Y 染色体。人类染色体核型如图 6-1 所示。

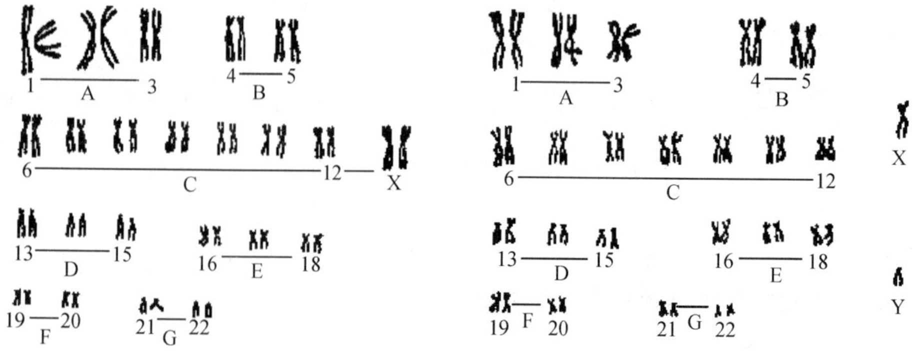

图 6-1 正常女性(左)和男性(右)染色体核型

实验 7 蚕豆根尖细胞微核检测技术

1. 实验目的

(1) 学习蚕豆根尖细胞微核制片与检测技术；
(2) 了解该技术在诱变作用检测中的应用。

2. 实验原理

微核（micronucleus，MCN），也叫卫星核，是真核生物细胞中的一种异常结构，是染色体畸变在间期细胞中的一种表现形式。微核是各种理化因子，如辐射、化学药剂对分裂细胞作用产生的。在细胞间期，微核呈圆形或椭圆形，游离于主核之外，大小应在主核 1/3 以下。其折光率及细胞化学反应性质与主核一样，也具有合成 DNA 的能力。

一般认为微核是有丝分裂后期丧失着丝粒的染色体断片产生的。这些断片或染色体在分裂过程中行动滞后，在分裂末期不能进入主核，便形成了主核之外的核块。当子细胞进入下一次分裂间期时，它们便浓缩成主核之外的小核，即形成了微核（如图 7-1 所示）。微核的形成是细胞受遗传毒物作用后的一种遗传学终点，以观察细胞中微核的形成来检测遗传毒物，称为微核试验（micronucleus test，MNT）。微核试验是以动植物为材料，利用细胞生物学方法观察其出现的微核率（micronucleus frequency，MNF）来表示材料受遗传损伤程度的一种检测遗传毒物的方法。微核率的多少与作用因子的剂量或辐射累积效应有正相关关系。

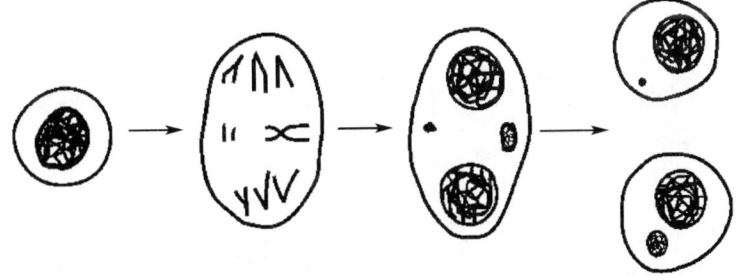

图 7-1 核分裂的细胞中微核形成示意图

关于影响微核产生的因素，一般认为有以下几种。

(1) 自发因素。在正常情况下，生物也会自然出现较低频率的微核，在人类中一般会随年龄的增大而增加，往往女性高于男性。主要是和自身的免疫力低下以及超氧化物、自由基、易氧化物等因素较多有关。

(2) 化学诱变剂。化学诱变剂可分为染色体断裂剂和非整倍体剂。细胞核的主要成分是染色体，在正常的情况下细胞分裂时染色体被纺锤丝牵引平均分向细胞的两极，形成两个正常的核。在染色体断裂剂存在的情况下，染色体发生断裂，并不发生重接或不在原处重接，则形成了无着丝粒的断片，在细胞分裂后期不能向两极移动，而残留在细胞中央的赤道板附近，当子细胞形成时则游离于细胞质中形成不含着丝粒的微核。非整倍体剂可以使染色体和纺锤体联结发生障碍或纺锤体功能受损。在细胞分裂时，染色体不发生分离而产生非整倍体子细胞，同时在赤道板中央残留一条或多条染色体，它们在子细胞形成时不能被包在子核中，而游离于细胞质中形成含着丝粒的微核。一般的遗传毒性物质兼有染色体断裂剂和非整倍体剂两方面的作用。

(3) 抗氧化因子缺乏。维生素 B_{12}、叶酸缺乏可引起微核产生，谷胱甘肽、维生素 C、维生素 E、硒以及抗氧化酶类（如过氧化氢酶、谷胱甘肽过氧化物酶）等具有降低微核产生频率的能力，主要是由于它们可以清除体内的超氧化物等物质。

(4) 放射线和磁场。放射线可以引起 DNA 损伤，导致微核出现。暴露在超低频磁场对自发和 X 射线诱发的微核数无影响。但是在 X 射线辐射之后暴露在超低频磁场，在细胞中可加速 X 射线诱导的整条染色体（或着丝粒片段）的延滞。此外，γ 射线也能够引起明显的微核增加。将老鼠在静磁场中暴露，微核产生频率显著增加，并且与剂量相关。一些研究者认为，微核数增加可归因于由静磁场引起的应激反应或静磁场的直接断裂与纺锤体干扰效应。

微核试验广泛应用于药品、食品添加剂、农药、化妆品、工业化学品、环境污染物等遗传毒性的检测、安全性评价和遗传损害的监测，为接触有害物质人群提供遗传损害检测和工作环境监测，为行政管理部门的决策、立法奠定理论依据。

总之，用微核试验来评价药物、放射线、有毒物质等对人体细胞或体外培养细胞的遗传学损伤仍是一个直观、有效、可行的方法，在遗传毒理、医学、食品、药物、环境等诸多方面得到了广泛的应用。

3. 实验仪器和试剂

(1) 仪器：解剖针、剪刀、镊子、刀片、青霉素瓶（或 eppendorf 管）、载玻片、盖玻片、吸水纸、水浴锅、显微镜等。

(1) 试剂：含化学诱变剂的待测液、蒸馏水、5 mol/L HCl 溶液、改良苯酚品红染液等。

4. 实验材料

蚕豆根尖（新鲜的固定材料）。

5. 实验方法与步骤

(1) 蚕豆浸种催芽（方法见实验 4）。
(2) 待测液对幼根的处理。
(3) 根尖细胞的恢复培养。
(4) 幼根的固定。
(5) 酸解：将固定好的幼根放入青霉素瓶（或 eppendorf 管）中，用蒸馏水浸洗 2 次，除去水后加入 5 mol/L HCl 溶液将幼根泡住，放入 30 ℃ 水浴中水解 28 min 左右（水解时间与水温有反相关关系），待幼根软化（同时变为半透明）即可取出，用蒸馏水浸洗幼根 2 次，5 min/次。
(6) 制片：将幼根放在擦净的载玻片上，用解剖针截下 4 mm 左右的根尖部分，捣碎，滴上 1~2 滴改良苯酚品红染液，染色 10 min 左右，然后加盖玻片，压片。
(7) 镜检：先在低倍镜下找出具微核的细胞，再转入高倍镜下进行仔细观察。微核形态如图 7-2 所示。

6. 注意事项

微核识别标准：① 凡是主核大小的 1/3 以下，并与主核分离的小核；② 小核着色与主核相当或稍浅；③ 小核形态可为圆形、椭圆形、不规则形等。凡符合以上 3 条的小核就是微核。

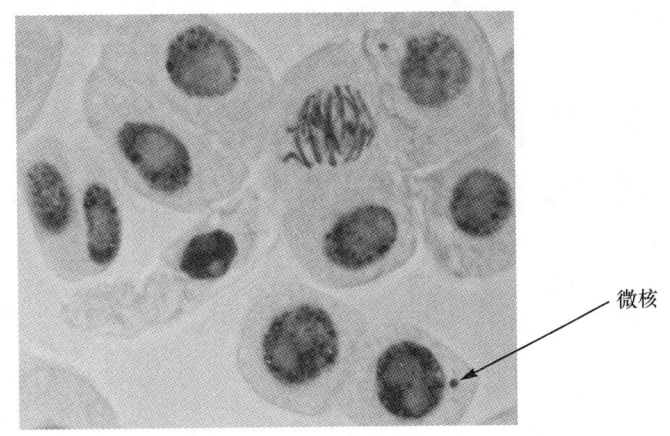

图 7-2 微核示意图

7. 参考文献

[1] 范雪涛，马丹炜，刘爽，等. 蚕豆根尖微核试验在辣子草化感作用研究中的应用[J]. 生态环境，2008，17(1)：323-326.

[2] 金波，陈光荣编著. 遗传毒理与环境监测[M]. 武汉：华中师范大学出版社，1998.

[3] 李宏. 微核试验的研究进展[J]. 安徽农业科学，2009，37(7)：2864-2866.

[4] 杜峰涛，李林. 细胞微核形成机理探讨[J]. 现代检验医学杂志，2007，22(4)：19-22.

[5] 陈宏伟. 微核及微核试验的应用与发展[J]. 齐齐哈尔医学院学报，2004，25(10)：1160-1163.

[6] 胡振东. 蚕豆微核测定技术及其应用[J]. 淮北煤师院学报：自然科学版，2000，21(4)：65-68.

8. 科学史话

微核试验创建于 20 世纪 70 年代初，首先由 Heddle 和 Schmid 利用啮齿类骨髓细胞建立了微核测定方法。随着分子生物学技术的迅速发展和不断渗透到微核研究中，微核试验的检测应用范围不断扩大。微核试验技术的种类主要包括：①常规微核试验；②细胞分裂阻滞微核分析法；③荧光原位杂交试验与 DNA 探针；④抗着丝粒抗体染色（CREST 染色）；⑤流式细胞仪检测方法；⑥计算机图像分析系统检测。

实验 8 果蝇培养与遗传性状的观察

1. 实验目的

(1) 掌握果蝇的饲养和观察技术；

(2) 掌握果蝇生活周期中各个阶段的形态特征，掌握鉴别雌雄黑腹果蝇的方法，了解一些常见的突变型黑腹果蝇。

2. 实验原理

果蝇英文俗名 fruit fly 或 vinegar fly，在分类学上属于昆虫纲(Class Insecta)、双翅目(Order Diptera)、果蝇科(Family Drosophilidae)、果蝇属(Genus *Drosophila*)，完全变态发育。目前至少有 3 000 个以上的果蝇种被发现，它们广泛地存在于全球温带及热带气候区，在自然界中主要以腐烂的水果或植物体为食，在人类的栖息地如果园、菜市场等时常可见大量的果蝇。目前我国已经发现 800 多种果蝇。

果蝇作为最常用的生物学研究材料之一，具有许多十分突出的优点，比如：①果蝇生活周期较短，在 20 ℃～25 ℃时，每 12 d 左右可完成一个世代；②繁殖能力强，当温度和营养条件适宜时，每只受精的雌果蝇可产卵 400～500 粒甚至上千粒，并且繁殖率高；③形体小，饲养方便，饲养成本低；④突变性状多，多数突变可以通过外部形态的变异表现出来；⑤染色体数目少(一般为 $2n=8$)，基因组小，且唾腺染色体特别巨大，可以用于基因的染色体定位研究；等等。因此果蝇一直是遗传学、细胞生物学、分子生物学、发育生物学等研究中最为成熟的模式生物。

3. 实验仪器和试剂

(1) 仪器：恒温培养箱、电热干燥箱、体视显微镜、放大镜等。

(2) 试剂：玉米粉、酵母浸膏、红糖、琼脂、蒸馏水、乙醚、95%乙醇、苯甲酸、丙酸等。

4. 实验材料

黑腹果蝇野生型、几种常见突变型（黑檀体突变型、黑体突变型、白眼突变型、小翅突变型、残翅突变型、焦刚毛突变型等）。

5. 实验方法与步骤

(1) 果蝇的培养

① 培养瓶的灭菌：将洗净的培养瓶塞好塞子，放在电热干燥箱内，120 ℃～150 ℃干热灭菌 1 h 或 120 ℃高压锅灭菌 20 min。

② 玉米粉—琼脂培养基的配制：称取玉米粉 100 g，琼脂 10 g，加蒸馏水 1 L～1.5 L，搅拌，煮沸后加红糖 130 g～140 g，再煮沸 25 min 后加酵母浸膏少许，再煮沸 5 min，冷却至 60 ℃以下加入丙酸 3 mL、苯甲酸 0.75 g(溶于 3 mL 95%乙醇)以抑制细菌的生长，搅匀，将培养基倒入灭菌后的培养瓶，注意尽量不要倒在瓶壁上，在室温下放置 1 d，如暂时不用，可用塑料袋密封，分装好的培养基可于室温下保存 1 个月。

③ 果蝇的培养：将果蝇转入新培养基，在所需的温度下培养（果蝇可以在15 ℃～30 ℃生长，但最佳温度是20 ℃～25 ℃，此时生长状态最好，在25 ℃时生长周期较短，为10 d～2周；如果只是为了维持实验室果蝇的品系，则可将果蝇放在15 ℃～18 ℃下培养，此时果蝇生长慢，但死亡率不高；高于30 ℃培养时果蝇不育甚至死亡）。注意及时更换培养基并保持适当的密度，最好将培养密度保持在每平方厘米培养基有30条左右幼虫。对于在较低温度下维持品系的果蝇，要保证2周内换一次培养基，换新培养基3 d后左右，如发现培养基内有幼虫蠕动，就将成虫去掉，以保证合适的果蝇密度。

有许多因素会导致培养基长霉菌，特别在较低温度下维持品系时。对于长霉菌的瓶内的果蝇，最好抛弃不再培养，因为霉菌孢子漂浮于培养瓶内的整个空间，包括果蝇身上，如将这种培养瓶里的果蝇接种到新的培养瓶中，大约经过3 d～4 d，新培养瓶内也将会长出霉菌来。如果还要继续培养这样的果蝇，就要设法去除果蝇身上的霉菌孢子，可以将果蝇转入灭菌后的空培养瓶中，用胶头滴管向瓶塞上滴3～4滴75%的酒精，再将瓶口塞紧，使果蝇呆在空瓶内2 d，让挥发后的酒精充满整个瓶内，从而将果蝇身上的霉菌孢子去除。

（2）果蝇的观察

① 果蝇成虫的麻醉方法：麻醉观察之前，先在实验桌上放一个干净的培养皿。取一麻醉瓶（可用果蝇培养瓶，如果蝇麻醉观察后需继续培养，则麻醉瓶要灭菌），瓶口应与培养瓶大小相仿，揭开瓶塞在塞入瓶口的一面滴加3滴乙醚。快速轻拍一下瓶口朝上的培养瓶，使瓶内果蝇落到下面的培养基上。揭开培养瓶瓶塞并对接培养瓶与麻醉瓶瓶口，培养瓶在上麻醉瓶在下，轻拍培养瓶将果蝇转入麻醉瓶内，迅速将滴有乙醚的瓶塞塞住麻醉瓶口，约40 s～1 min后果蝇倒卧于瓶底。将麻醉后的果蝇放在白瓷板或白纸上，用毛笔轻轻拨动进行观察。麻醉时间太长将导致果蝇死亡，死亡的果蝇双翅叉开与身体成45°角。如果在观察的过程中果蝇苏醒，可用事先准备好的培养皿罩上，再向培养皿内塞入蘸有乙醚的吸水纸进行补麻醉。

② 果蝇生活周期的观察：从培养瓶外即可以用肉眼观察到，果蝇的发育是完全变态，其生活周期可分为卵、幼虫（包括一龄幼虫、二龄幼虫、三龄幼虫）、蛹和成虫4个明显的时期，如图8-1所示。果蝇的生活周期长短与培养条件尤其是温度的关系很密切，温度低时生活周期延长，生存能力也较低。在25 ℃培养条件下，雌性黑腹果蝇羽化后8 h即可交配，交配后将精子储存在受精囊中多次使用，所以交配后1 d即可产卵，但在6 d～9 d内才达到产卵的高峰期。果蝇从受精卵到成虫约需10 d，其中卵和幼虫期约需6 d，蛹约需4 d，成虫在25 ℃时能存活半个月以上，但一般不会长于一个半月。按不同的生长时期分别取出不同形态的果蝇，用放大镜或体视显微镜进行观察，观察成虫时要先麻醉。果蝇的不同形态如图8-2所示。

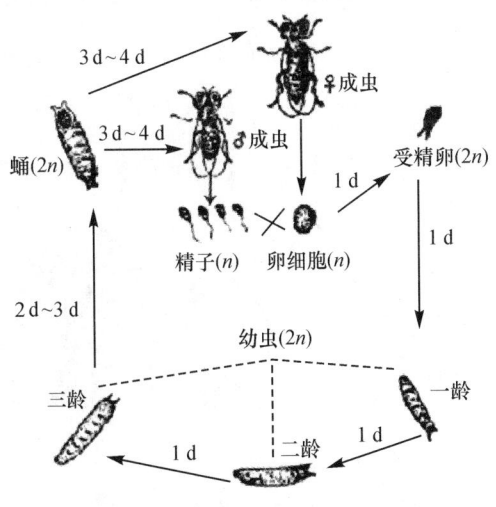

图8-1 果蝇的生活周期

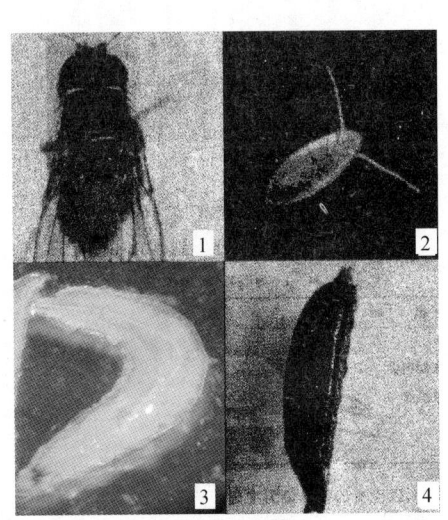

图8-2 果蝇完全变态发育的4个形态
1. 成虫；2. 卵；3. 幼虫；4. 蛹

A. 卵：在刚转入的培养基光滑的表面能够清晰地看到许多卵，此时较好取出。羽化后的雌蝇一般在 8 h 后开始交配，交配后 1 d 才能产卵，卵为白色，卵长约 0.5 mm，椭圆形，腹面稍扁平，在背面的前端伸出一对触丝，它能使卵附着在食物上，不致深陷到食物中。

B. 幼虫：受精卵 1 d 后就可以孵化成幼虫，幼虫从卵中孵化出来后，经过 2 次蜕皮到三龄，此时体长可达到 4 mm～5 mm。用放大镜观察，稍尖并经常快速地伸缩的一端为头部，头部有一黑点即口器。仔细观察，可以看到口器稍后有一对半透明的唾腺，每条唾腺前有一个唾腺管向前延伸，然后汇合成一条导管通向消化道，脑神经节位于口器和消化道前端之间。透过体壁，还可以看到一对生殖腺位于身体后半部的上方两侧，精巢较大，外观为一明显的黑色斑点，卵巢则较小，熟练观察后可以凭借这一特点鉴别幼虫的雌雄。

C. 蛹：整个幼虫期大约需要 5 d，随后开始化蛹。幼虫化蛹前从培养基中爬到瓶壁上，经过肥大且行动迟缓的三龄幼虫阶段渐次形成蛹。起初蛹的颜色淡黄，柔软，以后逐渐硬化，直至变为深褐色，这表明即将羽化了。

D. 成虫：黑腹果蝇野生型成虫刚羽化出来时，虫体较长大，翅膀还没展开，不会飞，因为此时体表没有完全角质化，所以呈浅灰色，透过腹部体壁还可看到消化腺和性腺。约 1 h 后，虫体变为粗短椭圆形，双翅展开，能飞，体色加深为灰褐色。用放大镜观察麻醉后的野生型成虫，可看到成虫分为头、胸、腹三部分：头部有 1 对大的红色复眼，3 个单眼和 1 对触角；胸部有 3 对足，1 对长度超过身体后端的翅和 1 对平衡棒；腹部背面有黑色环纹，腹面有腹片，外生殖器位于腹面末端，全身有许多体毛和直刚毛。

③ 黑腹果蝇成虫雌雄的鉴别：在体视显微镜下可以观察到，雌雄果蝇成虫在形态上有一些明显的区别，比如雌果蝇外生殖器较简单，有阴道板和肛上板等结构；雄果蝇外生殖器较复杂，有生殖弧、肛上板、阴茎等结构。但是雌雄果蝇的外生殖器均难以直接辨认识别，所以通常对表 8-1 中所示的 4 个特征加以综合观察，进而确定果蝇成虫的性别，如图 8-3 和图 8-4 所示。

表 8-1 雌雄黑腹果蝇成虫形态特征的一般区别

	雌	雄
个体大小	较大	较小
腹部末端	较尖	钝圆
腹部背面条纹	5 条黑色条纹，彼此分开	3 条黑色条纹，上两条窄，最后一条极宽，并延伸到腹面，致使整个腹部背面的后部分呈黑色
性梳	无	第一对足的跗节基部有黑色性梳，形似小梳子，在放大镜下较明显

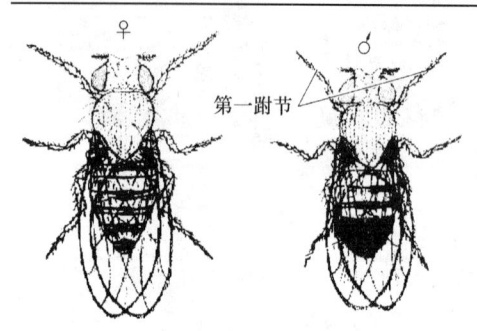
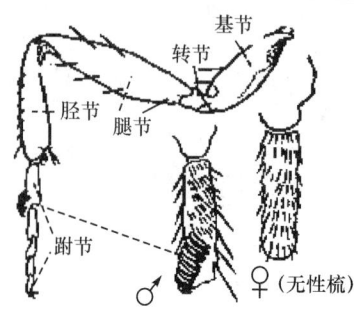

图 8-3 雌雄黑腹果蝇成虫外部形态图　　　　图 8-4 雄性黑腹果蝇性梳

尽管雌雄两性黑腹果蝇成虫在形态上有以上一些区别，但是由于进食因素或者体色突变等原因，实际操作中有时难以仅凭一种区别就能准确无误地鉴定出果蝇的性别。比如营养条件不佳时会出现小个体的雌果蝇，进食少时会出现腹部末端稍尖的雄果蝇，体色发生深色突变时会导致果蝇腹部背面条纹数目不好确定等，这时就需要综合几种区别来判断其雌雄。

值得注意的是，以上雌雄果蝇的鉴定标准仅适用于黑腹果蝇。

④ 黑腹果蝇部分突变型的性状：已知的黑腹果蝇突变型有数百种，其中多数性状为外部形态的变异，用肉眼或借用放大镜、显微镜即可观察到，并且这些变异比较稳定。表8-2列举了部分涉及黑腹果蝇各种突变型的体色、眼色、形态和刚毛等外部特征的变异，这些变异在遗传学研究中会使用到。

表 8-2 黑腹果蝇的部分突变性状

突变型	基因符号	性状特征	所在染色体位置
白眼（white）	w	复眼白色	X-1.5
棒眼（Bar）	B	复眼棒状，眼眶周围比野生型大	X-57.0
褐眼（brown）	bw	复眼褐色	II-104.5
猩红眼（scarlet）	st	复眼呈明亮猩红色	III-44.0
黑檀体（ebony）	e	体呈黑亮的乌木色，个体比野生型明显大	III-70.7
黑体（black）	b	体呈深色	II-48.5
黄体（yellow）	y	体呈浅橙黄色	X-0.0
残翅（vestigial）	vg	翅退化，部分残留，不会飞	II-67.0
卷翅（Curly）	Cy	翅向上卷曲，纯合致死	II-6.1
展翅（dichaete）	D	双翅向两侧展开，纯合致死	III-40.7
小翅（miniature）	m	翅短，约与身体末端等长，但形状完整	X-36.1
焦刚毛（singed）	sn	刚毛卷曲如烧焦状	X-21.0
分叉刚毛（forked）	f	毛和刚毛近中部分叉且弯曲	X-56.7

（注意：符号大写的为显性基因，符号小写的为隐性基因）

6. 注意事项

（1）如果果蝇在观察完后还要继续培养，则麻醉瓶要灭菌，整个观察过程中要注意尽量避免微生物污染，麻醉时间不可超过 1 min，不要用硬物拨动果蝇。

（2）上述果蝇的形态特点及雌雄的区别仅适用于黑腹果蝇。

（3）如果培养基长霉菌，用 75％酒精去除果蝇身上的霉菌孢子时，滴在瓶塞上的酒精量要合适，过多的话果蝇会昏厥、死亡，过少又除不了霉菌孢子；另外，让果蝇呆在空瓶内的时间以 2 d 为好。

7. 参考文献

[1] 刘祖洞，江绍慧主编．遗传学实验[M]．2 版．北京：高等教育出版社，1987．

[2] 龚慧明．果蝇培养基长霉的处理措施[J]．生物学教学，2007，32(4)：52-53．

[3] 王建波等编．遗传学实验教程[M]．武汉：武汉大学出版社，2004．

[4] 乔守怡主编．遗传学分析实验教程[M]．北京：高等教育出版社，2008．

8. 科学史话

黑腹果蝇（*Drosophila melanogaster*）是遗传学研究中最常用和不可或缺的果蝇种，自从 1910 年 Thomas Hunt Morgan（摩尔根，1866—1945）发现了第一只黑腹果蝇的白眼突变型以来，果蝇作为模式生物的历史已经超过 100 年。摩尔根等利用对黑腹果蝇的研究，客观上验证了伴性遗传和遗传的染色体学说，并根据重组频率进而推算相邻基因间的距离，绘制了首例果蝇染色体遗传图，为现代遗传学的发展奠定了坚实的基础,摩尔根也因此获得了1933年诺贝尔生理学或医学奖。在摩尔根以黑腹果蝇为实验材料创立"基因连锁与互换定律"之后,很多遗传学家就开始用果蝇做研究,并且获得了很多遗传学方面的知识成果,包括果蝇基因在染色体上的分布等。可以说,果蝇在我们对遗传学知识的获取过程中具有不可磨灭的贡献。

Edward B. Lewis(刘易斯,1918—2004)于1946年在黑腹果蝇身上首次发现了"同源基因"(homeotic gene),通过研究他发现有一串的基因控制着黑腹果蝇体节的发育。20世纪70年代末,受到Lewis的启发,Christiane Nüsslein-Volhard(福尔哈德,1942—   )和Eric F. Wieschaus(威斯乔斯,1947—   )开始研究黑腹果蝇的发育基因,他们发现,果蝇卵细胞中的4个基因决定了或是监控了受精卵的发育。因为这三位发育遗传学家发现并鉴定了能影响果蝇发育的基因,他们共同获得了1995年的诺贝尔生理学或医学奖。经他们及其他科学家对发育遗传学的研究,人类发育遗传秘密的大门终于被敲开。

以果蝇作为模式动物的研究,也带动了其他模式生物(线虫、斑马鱼、小鼠和拟南芥等)的研究,且都有非常具体的成果。

实验 9 果蝇唾腺染色体观察

1. 实验目的

(1) 掌握果蝇幼虫唾腺的分离技术；
(2) 掌握唾腺染色体制片方法；
(3) 观察果蝇唾腺染色体的形态及特征。

2. 实验原理

果蝇唾腺染色体(salivary chromosome)宽约 5 μm，长 400 μm，相当于普通染色体的 100～150 倍，因而又称为巨大染色体(giant chromosome)。

果蝇染色体数为 $2n=8$，其中第Ⅱ、第Ⅲ染色体为中部着丝粒染色体，第Ⅳ和第Ⅰ(X 染色体)染色体为端着丝粒染色体。

果蝇幼虫唾腺染色体的主要特点表现在：
(1) 由染色体的着丝粒和近着丝粒的异染色质区聚在一起形成染色中心，如图 9-1 所示。

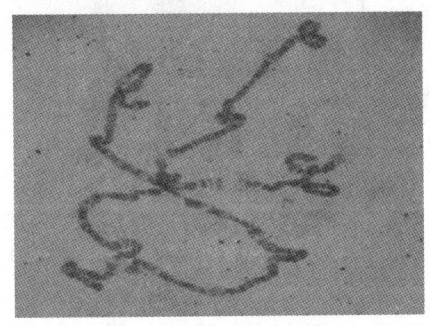

图 9-1 果蝇唾腺染色体的显微形态

(2) 由染色中心伸出 6 条配对的染色体臂(X、2L、2R、3L、3R、4)，形成特有的体联会现象。
(3) 染色体在染色后呈现出横纹，其数目、宽窄、位置及排序具有种的特异性。

3. 实验仪器和试剂

(1) 仪器：显微镜、解剖镜、载玻片、盖玻片、解剖针、小烧杯等。
(2) 试剂：0.7%生理盐水、1 mol/L HCl 溶液、1%醋酸洋红(或改良苯酚品红)染液。

4. 实验材料

黑腹果蝇的三龄幼虫。

5. 实验方法与步骤

(1) 分离腺体：选取生长良好、体形肥大的三龄幼虫于载玻片上，加上 1 滴生理盐水，在解剖镜下检查，分清幼虫的头尾。幼虫具一钝尾和带黑色口器的尖头端。然后用两支解剖针，一针从黑色口器处插入，固定虫体，另一针固定在身体靠头部接近1/3处，平稳快拉，唾腺随之被拖出。如图9-2所示。

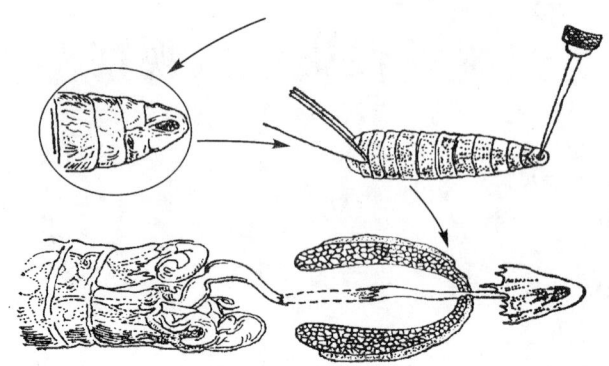

图9-2 果蝇唾腺的分离

在培养基中加入较多的糖和酵母粉，或在幼虫长成后存放在4 ℃冰箱中，可获得肥大的三龄幼虫。

要根据唾腺存在的部位(身体约1/3处)、形态(囊状)、色差(半透明)等特点正确识别果蝇唾腺。如图9-3所示。

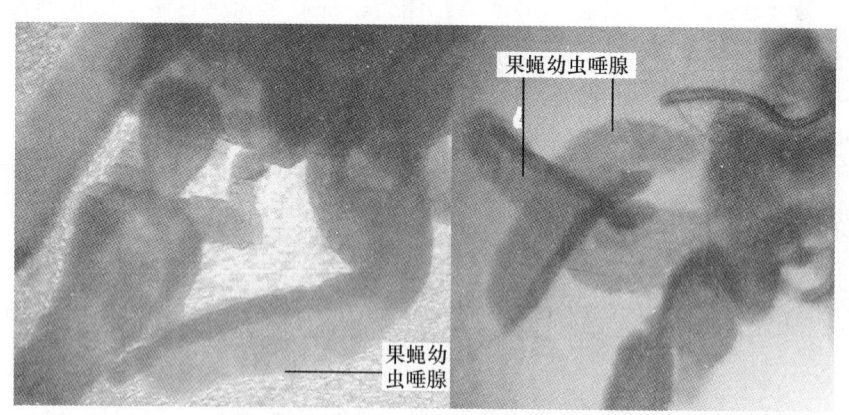

图9-3 果蝇的唾腺

(2)剥离腺体：细心剔除拖出的腺体上附着的消化道、黑灰色或褐色脂肪体以及口器、脑神经节等杂物，如图9-4所示。注意滴加生理盐水或低渗液以防干燥。

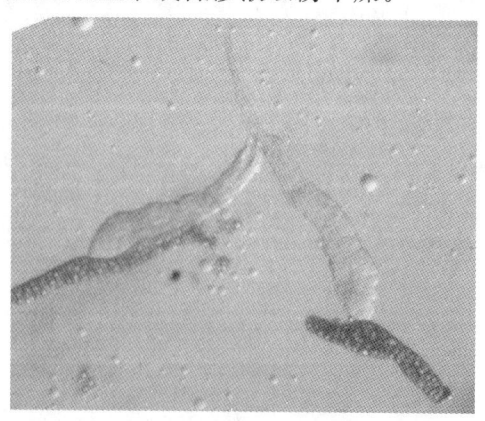

图9-4 剥离干净的唾腺

(3)解离：用1 mol/L HCl溶液水解腺体5 min～10 min，用滤纸条吸干HCl溶液，再滴加生理盐水或低渗液清洗，重复3～4次，以洗净残留的HCl，以免影响染色效果。

（4）染色：滴1滴醋酸洋红或改良苯酚品红染液，染色10 min。（注意：不要将染液中的沉淀吸取滴到制片中了）

（5）压片：将载玻片平放在桌上，盖上盖玻片，吸除多余染色液，加盖滤纸，用大拇指压片。

（6）镜检观察，找到果蝇唾腺细胞中的巨大染色体，如图9-5所示。

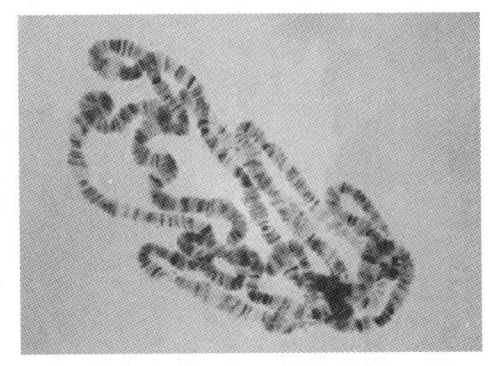

图9-5 唾腺细胞的巨大染色体

6. 注意事项

（1）尽量选用黑檀体突变型的肥大的三龄幼虫为材料。

（2）剥离唾腺时要注意加生理盐水，防止干燥。脂肪组织要剥离干净。

（3）用盐酸解离后要清洗干净，以免影响染色效果。

（4）清洗操作中要注意防止吸水滤纸条将唾腺吸走。

7. 参考文献

[1] 张文霞，戴灼华主编．遗传学实验指导[M]．北京：高等教育出版社，2007．

[2] 王建波等编．遗传学实验教程[M]．武汉：武汉大学出版社，2004．

[3] 刘祖洞，江绍慧主编．遗传学实验[M]．2版．北京：高等教育出版社，1987．

8. 科学史话

1881年，意大利的细胞学家巴尔比尼（Balbiani）在双翅目昆虫摇蚊幼虫的唾腺细胞间期核中发现了一种巨大的染色体，由于存在于唾腺细胞中，所以又称为唾腺染色体（salivary chromosome）。1933年，美国学者贝恩特（Painter）等在果蝇和其他双翅目昆虫幼虫的唾腺细胞间期核中也发现了巨大染色体。

果蝇作为经典的模式生物，具有如下优点：生活周期短，20 ℃～25 ℃下12 d～15 d完成一个世代；繁殖能力强，一只受精的雌果蝇可产卵400～500粒；饲养方便；有大量的突变型，突变性状易于识别；基因组小，为$1.8×10^5$ kb，编码13 600个基因，只有4对染色体，且幼虫唾腺染色体巨大；胚胎发育速度快；等等。基于清晰的遗传背景和便捷的遗传操作，果蝇在发育生物学、生物化学、分子生物学等领域也都占据了不可替代的地位。

果蝇在近一个世纪以来的生物学舞台上扮演着重要角色，在各个领域的广泛应用使其成为一种理想的模式生物，为人类探索生命科学的真谛作出不可磨灭的贡献。三大遗传定律之一的"基因连锁和互换定律"就是建立在果蝇研究的基础上；染色体的鉴别与分析的典型材料也来自果蝇幼虫的唾腺细胞；3次诺贝尔生理学或医学奖获得者（1933年摩尔根，1946年缪勒，1995年刘易斯、尼尔森·福尔哈德和威斯乔斯）的研究材料也正是果蝇。

实验 10 脉孢菌的有性杂交

1. 实验目的

(1) 了解粗糙脉孢菌的生活周期及特性；

(2) 掌握粗糙脉孢菌的杂交方法；

(3) 通过对 Lys$^-$ 和 Lys$^+$ 杂交后代表现型的分析，计算基因与着丝点之间的距离，了解顺序四分子的基因作图法；

(4) 了解基因转变现象。

2. 实验原理

顺序四分子(ordered tetrad)是指减数分裂的产物按顺序排列，其排列顺序显示了减数分裂过程模式的四分子。粗糙脉孢菌的两种不同接合型菌株(Lys$^-$ 和 Lys$^+$)的接合受一对等位基因控制，可验证分离定律。利用粗糙脉孢菌的这两种菌株进行杂交，野生型子囊孢子成熟较早，缺陷型子囊孢子成熟较迟的特点，观察杂交后代的表现型并进行分析，可用于着丝粒作图。

着丝粒和基因间的重组值＝(第二次分裂分离子囊数/子囊总数)×1/2×100%，重组值除去百分号(%)，即作为图距(基因与着丝粒间的距离)，单位 cm。

3. 实验仪器和试剂

(1) 仪器：恒温培养箱、高压灭菌锅、显微镜、解剖针、接种针、试管、载玻片、滤纸、小烧杯。

(2) 试剂：无菌水、琼脂、蔗糖、赖氨酸、玉米粒、5%次氯酸钠溶液或5%石炭酸、土豆。

4. 实验材料

粗糙脉孢菌(*Neurospora crassa*)两种品系：野生型菌株，Lys$^+$，自身可以合成赖氨酸，子囊孢子是黑色，接合型为 A；缺陷型菌株，Lys$^-$，自身失去合成赖氨酸的能力，培养基中添加赖氨酸才能生长，子囊孢子是灰色，接合型为 a。

5. 实验方法与步骤

(1) 配制各种培养基

① 基本培养基(供 Lys$^+$ 活化用)：土豆去皮洗净切成 0.5 cm³ 小块，装入试管，每个试管 5~7 块。将 0.2% 的琼脂条和 2% 的蔗糖煮沸溶解后，分装在有土豆块的试管中，经 121 ℃ 高压灭菌 20 min 后，取出斜摆，制作成斜面备用。

② 补充培养基(供 Lys$^-$ 活化用)：在基本培养基中按 5 mg/100 mL 量加入赖氨酸，即为补充培养基。或直接用完全培养基进行两种菌种的活化。

③ 杂交培养基：将玉米粒浸泡 24 h 后洗净，装入试管，每支试管 3 粒。将 2% 的琼脂条和 2% 的蔗糖煮沸溶解后，分装在有玉米粒的试管中，经 121 ℃ 高压灭菌 20 min 后，取出斜摆，制作成斜面

备用。

(2) 菌种活化：从冰箱中取出低温保存的 Lys$^+$ 和 Lys$^-$ 菌种，在无菌条件下把 Lys$^+$ 接种在活化基本培养基上；把 Lys$^-$ 接种在补充培养基上。接种后将试管放在 25 ℃ 条件下培养 5 d～6 d，直至试管中长出许多菌丝并且有大量的分生孢子产生，即表明菌种已经活化成功。

菌种活化时间不要过长，否则菌丝和分生孢子老化，影响杂交成功率。

(3) 杂交与培养：进行野生型菌株(Lys$^+$，A)×缺陷型菌株(Lys$^-$，a)，是将活化的菌种(Lys$^+$ 和 Lys$^-$)同时接种到杂交培养基上，接种菌丝体和分生孢子都可以。然后，在培养基表面放一小块多次折叠的滤纸片，塞上试管棉塞，接种后的试管放 25 ℃ 恒温培养箱中培养。培养一周后，便有黑色颗粒状子囊果出现，但还没有完全成熟。培养到 2 周～3 周时，子囊果基本成熟，可以在显微镜下观察。

(4) 子囊果的处理：待杂交培养的菌株发育适期时，将其从培养箱中取出，先在长有子囊果的试管中加入少量无菌水充分摇动，用水洗下子囊孢子，把含有子囊孢子的水倒入烧杯中沸水浴 20 min，防止分生孢子飞扬。

(5) 制片：用接种针挑选个大、饱满的子囊果放在载玻片上，滴加 1 滴 5% 次氯酸钠溶液浸泡 2 min 左右。次氯酸钠的作用主要是腐蚀子囊果壁，以便将子囊果压破。盖上另一张载玻片，用手指压片，将子囊果压破。压片时用力不宜过大，因为一次分裂产生的 8 个子囊孢子顺序排列在一个子囊中，观察时要以子囊为单位进行统计。若用力过大，8 个子囊孢子被压出子囊，都分散开，不利于观察。

(6) 显微观察：在低倍镜下选择完整、清晰的含有 8 个子囊孢子的子囊进行表现型的统计。8 个全灰和 8 个全黑的子囊不在计数之列。如图 10-1 所示。

注意观察基因转变现象。基因转变的频率一般在 1% 左右。

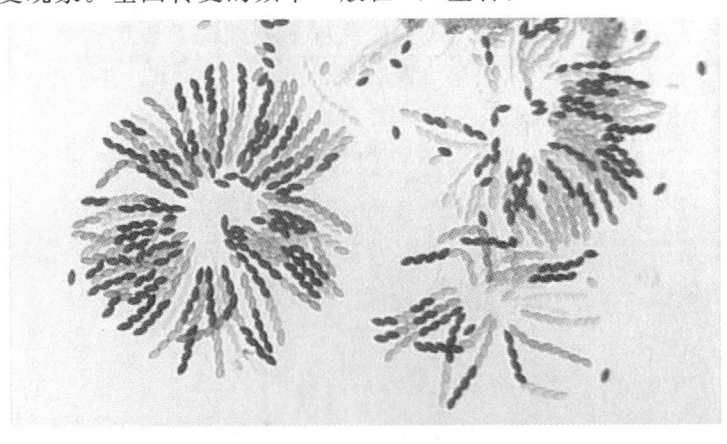

图 10-1　显微镜(10×)下的子囊孢子及其排列顺序

6. 注意事项

(1) 菌种活化及杂交时要注意无菌操作。

(2) 赖氨酸缺陷型菌株(Lys$^-$)接种在完全培养基上生长不好，需要加适量赖氨酸。

(3) 杂交后培养温度要控制在 25 ℃；30 ℃ 以上温度抑制原子囊果的形成。

(4) 用过的载玻片、镊子和解剖针等物都需放入 5% 石炭酸中浸泡后取出洗净，以防污染实验室。

(5) 观察时间的选择要适当。Lys$^-$ 子囊孢子成熟较迟，当 Lys$^+$ 子囊孢子已成熟呈黑色时，Lys$^-$ 子囊孢子还呈灰色，如果观察时间过早，所有的子囊孢子都未成熟，全为灰色；观察过迟，Lys$^-$ 子囊孢子也已成熟，所有的子囊孢子全为黑色，就不能分清各种子囊类型。

7. 参考文献

[1] 张文霞，戴灼华主编．遗传学实验指导[M]．北京：高等教育出版社，2007．
[2] 王建波等编．遗传学实验教程[M]．武汉：武汉大学出版社，2004．
[3] 刘祖洞，江绍慧主编．遗传学实验[M]．2版．北京：高等教育出版社，1987．
[4] 徐晋麟，赵春耕主编．基础遗传学[M]．北京：高等教育出版社，2009．
[5] 王亚馥，戴灼华主编．遗传学[M]．北京：高等教育出版社，2008．

8. 科学史话

粗糙脉孢菌属于真菌类，子囊菌纲，球壳目，脉孢菌属，又称为红色面包霉。其营养体是由单倍性($n=7$)的多核菌丝组成的。生殖方式有无性生殖和有性生殖两种。无性生殖是菌丝片段或分生孢子经有丝分裂直接发育成菌丝体，并产生大量的分生孢子。有性生殖是不同接合型的菌丝产生有性孢子的过程，主要有两种方式：(1)未受精的营养体菌丝上产生灰白色的原子囊果，可以接受另一不同接合型的分生孢子，两种不同接合型的细胞核可融合成合子核(即二倍体核)。黑色成熟的子囊果是由原子囊果受精后发育而来的，一个子囊果中约有50~60个子囊。每个合子核包在一个子囊内。(2)不同接合型的菌丝靠在一起，通过核融合产生异核体。两种有性生殖方式形成的二倍性合子都可以经减数分裂形成4个子细胞，每个子细胞又经一次有丝分裂形成8个子细胞，进一步发育形成8个子囊孢子，并以一定顺序排列在子囊中，许多子囊又被包在黑色的子囊果中。若两个亲代菌株有某一遗传性状的差异，那么经杂交所形成的子囊必定有4个子囊孢子属于一种类型，其他4个子囊孢子属于另一类型。成熟的子囊孢子在适当条件下可发育成菌丝，形成新的一代。它们的子囊孢子的性状分离比例是严格的1：1，而且有一定的顺序。不同接合型的子囊孢子有黑色、灰色两种类型，在子囊中8个子囊孢子常呈4黑4灰的排列方式，因此可在显微镜下直接观察基因的分离现象。当基因发生了互换时，8个子囊孢子又会排列成2黑2灰2黑2灰或2黑4灰2黑或2灰4黑2灰，因此在显微镜下也可以观察基因的连锁互换现象。

基因转变现象是指一个基因在联会过程中受到等位基因的影响而发生变化。基因转变总是伴随着染色体之间的交换。在分析杂交子代子囊孢子的表现型时偶尔会观察到6：2、2：6、5：3、3：5等异常的分离比，这就是基因转变造成的。基因转变的频率一般在1%左右。基因转变为遗传重组机制的研究提供了有效的证据。

实验 11 细菌的三亲本杂交

1. 实验目的

(1) 了解在自然条件下微生物遗传信息传递的方式；
(2) 熟悉细菌质粒结合转移的基本原理和流程；
(3) 学习细菌三亲本杂交的基本方法。

2. 实验原理

三亲本杂交(triparental mating)是基于非接合型质粒(non-conjugative plasmid)的迁移作用(mobilization)而建立的一种 DNA 转化方式，适用于那些难以采用 Ca^{2+} 诱导转化法或电穿孔法等进行质粒 DNA 直接转化的受体菌。

目前基因操作常用的质粒载体多是在非接合型质粒或缺失了结合转移基因的接合型质粒的基础上构建的，分子较小，拷贝数较多，比较安全，不能像结合型质粒一样在宿主细胞间自主转移。如果在宿主细胞中存在另外一种接合型质粒(即辅助质粒)，这种质粒载体通常也会被转移，即所谓的迁移作用。故三亲本杂交接合转化过程涉及 3 种有关的细菌菌株，即待转化的受体菌、含有待转化重组质粒 DNA 的供体菌和含有狭宿主范围(narrow-host-range)辅助质粒的辅助菌。通过将 3 种菌混合起来，使菌体细胞紧密接触，首先辅助菌将辅助质粒转移至含有重组质粒的供体细胞中，使供体细胞获得接合转移功能，促使供体细胞与受体细胞发生接合转化作用，最终将重组质粒导入受体细胞。

3. 实验仪器和试剂

(1) 仪器：灭菌锅、超净工作台、摇床、生化培养箱、离心机、镊子、滤纸、培养皿、三角瓶、离心管、PA 瓶、微量移液器、卡那霉素(Km)、癸醛等。

(2) 试剂：见下列培养基。

① RH 微量元素液：H_3BO_3 5 g，$NaMoO_4$ 5 g，dH_2O 1 000 mL。

② 混合维生素溶液：硫胺素 10 mg，烟酰胺 10 mg，泛酸钙 10 mg，生物素 1 mg，dH_2O 100 mL，过滤除菌，4 ℃ 保存。

③ YMA 培养基：用于根瘤菌固体培养。甘露醇 10 g，酵母粉 1.0 g，K_2HPO_4 0.5 g，$MgSO_4 \cdot 7H_2O$ 0.2 g，NaCl 0.1 g，$CaCl_2 \cdot 6H_2O$ 0.1 g，RH 微量元素液 4 mL，琼脂粉 15 g，dH_2O 1 000 mL，pH 6.8~7.0。

④ SM 培养基：用于筛选根瘤菌转移接合子。甘露醇 10 g，K_2HPO_4 0.5 g，KNO_3 0.5 g，$MgSO_4 \cdot 7H_2O$ 0.2 g，NaCl 0.1 g，$CaCl_2 \cdot 6H_2O$ 0.1 g，RH 微量元素液 4 mL，混合维生素溶液 1 mL，琼脂粉 15 g，dH_2O 1 000 mL，pH 6.8~7.0。混合维生素液待培养基灭菌后冷却至 60 ℃ 左右时加入。

⑤ TY 培养基：用于根瘤菌液体培养和滤膜三亲本杂交。胰蛋白胨 5 g，酵母粉 3 g，$CaCl_2 \cdot 6H_2O$ 1.3 g，dH_2O 1 000 mL，pH 7.0。固体培养基加入 15‰ 的琼脂粉。

⑥ LB培养基：用于培养大肠杆菌。胰蛋白胨 10 g，酵母粉 5 g，NaCl 10 g，dH$_2$O 1 000 mL，pH 7.0。固体培养基加入 15% 的琼脂粉。

4. 实验材料

(1) 快生型大豆根瘤菌（*Sinorhizobium fredii*）（Tc^S，Km^S）。
(2) 辅助菌：*E. coli* MM294(pRK2013)（*tra*$^+$，Tc^S，Km^R）。
(3) 供体菌：*E. coli* DH5α(pHNC3)（*mob*$^+$，Tc^R，Km^R，*luxAB*$^+$）。

［注意：辅助质粒 pRK2013 是一种狭宿主范围质粒，不能在根瘤菌中复制；待转化质粒 pHNC3 由 pUSP5011 衍生而来，在 pUSP5011 上加入卡那霉素抗性基因（Km^R）和荧光基因（*luxAB*$^+$），使宿主细胞具有 Km 抗性，且加入癸醛底物，可发荧光。供体菌和辅助菌均为营养缺陷型，它们在合成 SM 培养基上均不生长，而受体菌缺乏 Km 抗性，因而采用 SM+Km 选择性平板可将大肠杆菌和受体根瘤菌淘汰，只有获得了重组质粒的根瘤菌转移接合子才会生长形成菌落，同时应用 *luxAB* 发光标记很容易筛选到转移接合子］

5. 实验方法与步骤

(1) 将供体菌 *E. coli* DH5α(pHNC3) 和辅助菌 *E. coli* MM294(pRK2013) 在含 50 μg/mL Km 的 LB 平板固体培养基上划线活化，37 ℃培养 16 h～18 h，然后接单个菌落到含有 50 μg/mL Km 的 LB 液体培养基中，37 ℃振荡培养过夜，生长到对数期（亦可过夜培养后，以 1% 的接种量接种到含 50 μg/mL Km 的 LB 液体培养基中，200 r/min，37 ℃培养 2 h～3 h 至对数期）。

(2) 受体菌 *S. fredii* 在 YMA 平板固体培养基上划线活化，培养 2 d～3 d，然后接种单个菌落到含 50 μg/mL Amp 的 TY 培养基中，28 ℃振荡培养 2 d，至对数生长期。

(3) 将这三种菌按 1∶1∶1 体积混合（每种取 0.4 mL），加入 1.5 mL 无菌离心管中，5 000 r/min 离心 5 min。

(4) 弃上清，向沉淀中加 1 mL TY 液体（洗去抗生素），吸头上下抽吸，洗涤菌体，5 000 r/min 离心 5 min，弃上清留沉淀，重复操作一次，得到混合菌体沉淀。

(5) 用无菌镊子取灭菌滤纸片贴于已准备好的 TY 平板上，3 片/平板，平皿背面做好标记。

(6) 用 200 μL 的吸头抽吸离心管内沉淀的菌体，打散成浓菌液，将之加到滤纸片中央（切勿倾斜平板，以免菌液流出滤纸片外）。

(7) 平板静置 5 min～10 min，待滤纸上的培养基液体被平板吸收后，倒置放入 28 ℃培养箱培养 2 d～3 d。

(8) 无菌 PA 瓶中加 5 mL 无菌水，用镊子揭下 TY 平板上的滤纸片 1 片放入瓶中，在振荡器上打散菌体。

(9) 向 1.5 mL 无菌离心管中加 0.9 mL 无菌水和 0.1 mL 已打散的菌液，混匀，吸取 200 μL 分别涂布 SM+Km 平板和 SM 平板，28 ℃培养 5 d～7 d（供体菌和辅助菌均为营养缺陷型，它们在合成 SM 培养基上均不生长，故可将供体菌和辅助菌淘汰。根瘤菌中，只有获得了重组质粒的转移接合子才会在 SM+Km 培养基中生长形成菌落，而未获得抗性的出发菌株只能在不加抗性的 SM 培养基中生长）。

(10) 将培养皿倒置，在暗室内向培养皿盖中加 10 μL 癸醛，滴入后将培养皿合上，倒置于暗室，待癸醛挥发后（约 3 min～5 min），即可用肉眼观察到转移接合子发出的微弱荧光。

(11) 转移频率的计算。转移频率 =（SM+Km 平板菌落数）/（SM 平板菌落数）。

6. 注意事项

(1) 在接合转化过程中使用的重组质粒与辅助质粒必须具有相容性，否则难以稳定地存在于供体菌中。

(2) 各环节注意要无菌操作。

(3) 混合维生素和抗生素高温下不稳定，需要过滤除菌，在培养基灭菌冷却至 60 ℃ 左右时再加入。

(4) 滤膜杂交时，供体菌和受体菌的混合比例可根据情况适当调整，以达到最佳转移频率。

7. 参考文献

[1] 陈三凤，刘德虎编著. 现代微生物遗传学[M]. 北京：化学工业出版社，2011.

[2] 龙敏南等编著. 基因工程[M]. 北京：科学出版社，2010.

[3] 赵斌，何绍江主编. 微生物学实验[M]. 北京：科学出版社，2002.

[4] 徐晋麟，徐沁，陈淳编著. 现代遗传学原理[M]. 北京：科学出版社，2001.

[5] Griffiths A J F, Miller J H, Suzuki D T, et al. An Introduction to Genetic Analysis[M]. 7th edition. New York：W H Freeman，2000.

[6] Taylor A L, Thoman M S. The Genetic Map of *Escherichia Coli* K-12[J]. Genetics，1964，50(4)：659-677.

8. 科学史话

细菌的接合作用最早是在大肠杆菌中发现的，其自主转移质粒就是 F 因子。接合作用的发现，不仅使细菌研究中产生了一种新的遗传转化方法，而且革新了整个细菌遗传学。

1946 年，Joshua Lederberg 和 Edward Tatum 在实验中成功地发现了大肠杆菌的接合现象。由于历史的局限，从一开始 Lederberg 和 Tatum 就根据真核的重组来解释他们的发现，认为细菌接合是一个彼此交换遗传物质的过程，即细菌同宗配合。这导致 1951 年 Lederberg 将大肠杆菌的连锁图绘成三叉戟状，使大肠杆菌的连锁图绘制陷入困境。1952 年 Hayse 的意外发现，动摇了细菌同宗配合的观点，使细菌接合的研究又转入正确方向。Hayse 用正反杂交实验证明，产生原养型菌株的这种基因转移是单向的，A 菌株是供体，相当于雄性，B 菌株是受体，相当于雌性。但实际上，这并不是真正意义上产生新的个体的有性繁殖过程，而只是受体菌接受供体菌的遗传信息后而发生改变。

以上结论得出后不久，Hayse 又偶然发现了供体菌株 A 的一个变种，该变种失去将遗传物质传递给 B 的能力(即不育)。Hayse 对该不育的变异株进行分析后，发现大肠杆菌的可育性能够自发丧失，并且可以很容易地通过其他可育性供体菌重新获得。不久 Lederberg 和他的妻子以及 Cavalli 也发现了这一现象。他们一致认为供体细胞传递遗传物质的能力是一种遗传性状，由致育因子 F(fertility factor)决定。携带 F 的菌株为供体，记为 F^+，不含 F 的菌株为受体，记为 F^-。这样便发现了 F 因子。

1951 年和 1954 年，Luca Cavalli-Sforza 和 Hayse 分别分离到高频重组(High frequence recombination，Hfr)菌株。Hfr 是由于 F 质粒通过同源重组整合到宿主的染色体上的结果。Hfr 在细菌遗传学中的一个重要应用就是细菌遗传作图。1957 年，Wollman 和 Jacob 设计了中断杂交实验，证明 Hfr 细胞与 F^- 细胞结合时，在 F 质粒的影响下，染色体按一定的方向匀速线性地逐渐进入 F^- 细菌。这给人们以启示：如果人为地中断正在基因转移的杂交对，然后测定受体菌中的遗传标记重组率，就能知道基因的连锁情况。1964 年，利用通过接合作用获得的资料，Taylor 和 Thoman 发表了第一张大肠杆菌的环状染色体的遗传连锁图谱。

实验 12
拟南芥基因组 DNA 的提取纯化及浓度测定

1. 实验目的

(1) 熟悉高速离心机、微量移液枪等分子生物学实验室常用仪器设备的使用；
(2) 掌握 CTAB 法提取植物基因组 DNA 的基本原理、方法和注意事项；
(3) 掌握 DNA 浓度测定的基本方法。

2. 实验原理

DNA 主要分布于高等生物细胞核内，常与蛋白质形成复合物以核蛋白形式存在。DNA 与蛋白质之间的结合力包括离子键、氢键、范德华力等，破坏或降低这些结合力就可把 DNA 与蛋白分开。细胞破碎后，胞内的糖类、脂类、酚类、蛋白质及细胞碎片等物质与 DNA、RNA 同时释放出来，因此，DNA 的提取与纯化就是将 DNA 与其他物质分离，同时又要保证 DNA 不被降解，尽量保持其完整性。因此，基因组 DNA 的分离和纯化方法大多很好地结合使用了物理手段和化学试剂的作用。

植物基因组 DNA 的提取方法是在摸索中不断完善的。植物组织因其特有的组织结构（具有细胞壁、表面有硅质等）和化学成分（酚类、萜类等），其基因组 DNA 提取方法与动物基因组 DNA 提取方法略有差异，但大同小异。不同来源的植物材料基因组 DNA 提取方法也会有较大差异，在提取过程中要做一些特殊处理（如添加聚乙烯吡咯烷酮即 PVP、维生素 C、活性炭等），方能保证最终获得的总 DNA 的质与量。总之，简便、快速、经济、高效的基因组 DNA 提取方法一直是研究者们改进的方向。

植物基因组 DNA 提取方法的选择是以提取材料的性质和 DNA 实验用途为依据的。目前，植物基因组 DNA 提取方法按所使用的去污剂不同，主要有 CTAB 法和 SDS 法两种。CTAB 法是 1980 年由 Murray 和 Thompson 改良而成的快速简便的 DNA 提取方法，此法所提取的 DNA 可满足一般的分子生物学操作要求，如 PCR、SSR、RAPD 分析等，因此成为当前植物基因组 DNA 提取的一种流行方法。十六烷基三甲基溴化铵（Cetyl trimethylammonium bromide，CTAB）是一种阳离子去污剂，可溶解细胞膜和使核蛋白解聚，具有在低离子强度条件下与核酸形成复合物的特性，可通过高速离心操作将 CTAB-核酸复合物与其他物质分开。同时 CTAB 可溶于冰乙醇和异丙醇，而乙醇和异丙醇可夺去 DNA 周围的水分子从而使其沉淀，因此可使用冰乙醇或异丙醇将 CTAB 除去。

相对 CTAB 法而言，SDS 法分离提取 DNA 的基本原理与其类似，只是操作过程较繁琐，但是提取的 DNA 纯度好、得率高，能满足对 DNA 高要求实验的需要，如基因组文库的构建、限制性片段多态性分析（RFLP）、Southern 杂交实验等。

DNA 是由许多脱氧核苷酸残基按一定顺序彼此用 3′,5′-磷酸二酯键相连构成的长链，每个脱氧核苷酸又是由磷酸、脱氧核糖和碱基三部分组成。DNA 共有 A（腺嘌呤）、G（鸟嘌呤）、C（胞嘧啶）、T（胸腺嘧啶）4 种碱基，这些碱基所含有的嘌呤环或嘧啶环的共轭双键具有吸收紫外光的性质，吸收高峰在 260 nm 处，因此可用紫外分光光度法测定 DNA 的浓度。根据测得的吸光值可用公式①、②计算：

双链DNA溶液实际浓度(μg/mL)=A_{260}×50 μg/mL×稀释倍数　　　　　　　①

单链DNA溶液实际浓度(μg/mL)=A_{260}×40 μg/mL×稀释倍数　　　　　　　②

3. 实验仪器和试剂

(1)仪器：恒温水浴锅、台式高速离心机、紫外分光光度计、各种规格微量移液枪及Tip头、液氮、1.5 mL eppendorf管、一次性PE手套。

(2)试剂：2×CTAB提取液(2% CTAB，100 mmol/L pH 8.0 Tris-HCl，20 mmol/L pH 8.0 EDTA，1.4 mol/L NaCl，0.1% PVP)、TE溶液(10 mmol/L pH 8.0 Tris-HCl，1 mmol/L pH 8.0 EDTA)、β-巯基乙醇、70%乙醇(95%乙醇 70 mL，ddH_2O 25 mL)、异丙醇、氯仿、异戊醇、ddH_2O。

4. 实验材料

拟南芥种子先用0.5%次氯酸钠和0.01% Triton-X 100混合液消毒10 min，再用无菌水清洗3~4次，分装于1.5 mL eppendorf管中，4 ℃春化处理2 d~3 d。然后播种于经高压灭菌的人工栽培土(蛭石：黑土：珍珠岩=16：8：1)中。在温度20 ℃左右、湿度75%~85%、光照周期10 h/14 h(黑暗/光照)条件下培养3周~5周，其叶片即可满足本实验要求。

5. 实验方法与步骤

(1)剪取拟南芥新鲜的幼嫩叶片2~3片，剪碎放入1.5 mL eppendorf管中，加入液氮(使组织易于破碎，且低温有助于抑制各种酶类的活性)，用玻棒研磨成粉末(在加入CTAB提取液之前一定要防止粉末化冻，否则内源性DNase会降解基因组DNA)。

(2)迅速加入600 μL 65 ℃预热的CTAB提取液，按每管10 μL的量加入β-巯基乙醇，混匀后置于65 ℃水浴30 min~45 min(使细胞裂解，核DNA释放)。

(3)加入等体积的氯仿—异戊醇(24：1)，颠倒混匀，室温下10 000 r/min离心10 min(氯仿可使蛋白质变性并使抽提液分相，异戊醇可减少泡沫产生)。

(4)小心将上清转至新的离心管中，加入0.6倍体积的异丙醇，轻轻颠倒混匀，室温静置20 min~30 min直至絮状沉淀出现(上清转移应遵循"少量多次"原则，最后一次转移的上清若沾有蛋白沉淀则舍弃不要或重新离心一次；异丙醇可使DNA水合分子失水，加速DNA沉淀)。

(5)室温下12 000 r/min离心10 min。

(6)弃上清，用70%乙醇洗涤沉淀2次，在超净工作台内吹干(70%乙醇可有效去除残留盐离子，且乙醇易于挥发，经后续吹干处理不会最终残留；洗涤时应注意不要倒掉DNA沉淀；不应过分吹干，否则DNA较难溶解)。

(7)沉淀用30 μL~50 μL TE溶液溶解，DNA溶液保存于-20 ℃备用或于-70 ℃长期保存。

(8)吸取10 μL DNA溶液，稀释50~100倍，测定其在260 nm和280 nm处的吸光值，计算DNA溶液浓度(A_{260}/A_{280}值在1.8左右则表示DNA纯度较高；将A_{260}值和稀释倍数代入公式①可算出DNA溶液的实际浓度)。

6. 注意事项

(1)样品材料研磨一定要充分，否则DNA得率会较低。适当延长65 ℃水浴时间可提高DNA得率。研磨就是破碎植物细胞壁的过程，细胞壁不破碎，提取液就无法使细胞核中的DNA释放出来。对于像水稻、玉米等叶片含硅质较多的材料有时还要添加适量石英砂进行辅助破碎。

（2）选取叶片材料时应尽量剪取新鲜的幼嫩叶片组织，这些组织细胞分裂相对旺盛，DNA含量也较高，而老叶片其细胞核内的染色体DNA已存在部分降解。对于酚类物质含量较高的植物材料可在提取液中适当添加维生素C、PVP等抗氧化剂，可有效防止酚类物质氧化造成污染。

（3）在转移离心后的上清的过程中，尽量使用剪口的枪头，且应慢吸慢放，因为植物基因组DNA分子往往较大，这样可以避免机械剪切力对其造成的损伤，从而尽量保持其完整性。

（4）一般情况下，纯净的DNA其A_{260}/A_{280}值应为1.8左右，若低于1.6则说明蛋白质含量超标，可用氯仿—异戊醇重新抽提；若超过1.9则说明RNA含量较高，可用RNase于37 ℃处理1 h～2 h，再用氯仿—异戊醇重新抽提。

（5）用TE溶液溶解DNA，可增加DNA的稳定性，便于长期保存。

（6）CTAB溶液在低于15 ℃时会析出沉淀，因此，在将其加入液氮研磨后的植物材料之前必须预热，且离心时温度不要低于15 ℃。

7. 参考文献

[1] 钟卫鸿编著. 基因工程技术实验指导[M]. 北京：化学工业出版社，2007.

[2] J. 萨姆布鲁克，D. W. 拉塞尔. 分子克隆实验指南[M]. 3版. 黄培堂等，译. 北京：科学出版社，2002.

[3] 王关林，方宏筠主编. 植物基因工程原理与技术[M]. 北京：科学出版社，1998.

8. 科学史话

对DNA的发现及其结构与功能的解析经历了上百年的时间，是全世界科学家共同智慧的结晶。

1866年，孟德尔在经过长达8年的豌豆杂交实验后，发现了分离与自由组合两大遗传规律，提出了"遗传因子"假说，从此揭开了人类科学认识生物遗传现象的序幕。此时的"遗传因子"还仅仅是一个抽象的概念。1869年，瑞士人Miescher从脓细胞核中分离出了一种富含磷和氮的物质，并将其命名为"核素"，后来人们发现该物质呈酸性，因此改称"核酸"。此后，人们对核酸进行了一系列卓有成效的研究。

直到1944年，美国细菌学家Avery利用肺炎双球菌转化实验首次直接证明了DNA是遗传物质，而不是蛋白质等其他物质。1952年，Hershey等人又用标记噬菌体感染实验再次证实遗传物质是DNA，而不是蛋白质。与此同时，奥地利生物化学家Chargaff发现DNA大分子中嘌呤和嘧啶的总分子数量相等，其中腺嘌呤A与胸腺嘧啶T数量相等，鸟嘌呤G与胞嘧啶C数量相等，并推测DNA分子中的碱基A与T、G与C是配对存在的，从而否定了Levene提出的"四核苷酸假说"，为探索DNA分子结构提供了重要的线索和依据。

1953年，Watson和Crick在Wilkins、Franklin等对DNA结构研究的基础上，提出了DNA的双螺旋结构模型，该模型不仅探明了DNA的分子结构，还很好地解释了其在生物体内作为遗传物质的复制机制，从而揭开了生命科学的新篇章，开创了科学技术的新时代，使人们对于遗传的认识和研究深入到了分子水平。随后，遗传的分子机理——DNA复制、遗传密码、遗传信息传递的中心法则等相继被认识和发现，相关的分析和操作技术——DNA重组、双脱氧测序、PCR扩增等也不断被发明和创造，生命奥妙的大门逐渐向我们敞开。

实验 13 拟南芥叶片总 RNA 的提取及浓度测定

1. 实验目的

(1) 了解 RNA 的特性；
(2) 掌握提取 RNA 的基本原理和基本方法；
(3) 掌握用于 RNA 提取的试剂和耗材的处理方法；
(4) 了解 RNA 纯度、完整性和浓度测定的方法。

2. 实验原理

核酸包括 DNA 和 RNA 两种分子，在细胞中都是以与蛋白质结合的状态存在，RNA 分子在大多数生物体内均是单链线性分子。真核细胞中含多种 RNA，包括 rRNA、mRNA、tRNA 及一些小分子 RNA，如核内不均一 RNA(hnRNA)、核内小 RNA(snRNA)、核仁小 RNA(snoRNA)、胞质小 RNA(cRNA/7SL-RNA)、小 RNA(miRNA)等。RNA 分子主要存在于细胞质中，约占 75%，另有 10% 存在于细胞核内，15% 在细胞器中。RNA 以 rRNA 的数量最多(80%～85%)，tRNA 及核内小 RNA 占 10%～15%，而 mRNA 占 1%～5%。

(1) 分离纯化核酸总的原则和提取方法：
① 应保证核酸一级结构的完整性；
② 排除其他分子的污染（保证纯度）。

核酸提取的主要步骤：破碎细胞，去除与核酸结合的蛋白质以及多糖、脂类等生物大分子，去除其他不需要的核酸分子，沉淀核酸，去除盐类、有机溶剂等杂质，纯化核酸等。提取细胞总 RNA 的方法有很多，常用的有异硫氰胍法、盐酸胍法、CTAB 法、SDS 法和热酚法，这些强变性剂可导致细胞结构破坏，核蛋白二级结构破坏，可利于提取总 RNA，也可从总 RNA 中提取 mRNA，从而分析 mRNA 表达量，建立 cDNA 文库，以及对 mRNA 的调控和进行反义 RNA 研究。

(2) 对于核酸的纯化应达到以下三点要求：
① 核酸样品中不应存在对酶有抑制作用的有机溶剂和过高浓度的金属离子；
② 其他生物大分子如蛋白质、多糖和脂类分子的污染应降到最低程度；
③ 应排除其他核酸分子的污染，如提取 DNA 过程中应去除 RNA 分子，反之亦然。

通常采用酚/氯仿抽提法来去除核酸溶液中的蛋白质，即酚抽提一次——酚/氯仿(1:1)抽提一次——氯仿抽提一次，可重复。

(3) 核酸的沉淀：

沉淀是浓缩核酸最常用的方法，其最大优点是通过核酸沉淀来改变核酸的溶解缓冲液及重新调节核酸在溶液中的浓度，可去除溶液中某些盐离子与杂质，在一定程度上纯化核酸。

① 有机沉淀剂：乙醇是首选的有机溶剂，它对盐类沉淀少，DNA 沉淀中所含的痕量乙醇易蒸发去除，不影响以后的实验。在适当的盐浓度下，2 倍样品容积的 95% 乙醇可有效沉淀 DNA，对 RNA 则要将乙醇量增至 2.5 倍。其次可选用异丙醇沉淀核酸，其优点在于所需容积小且速度快，适用于浓

度低且体积大 DNA 样品的沉淀。0.54~1 倍的异丙醇可选择性地沉淀 DNA 和大分子 rRNA 及 mRNA；但对 5S RNA 和 tRNA 及多糖不产生沉淀；在 DNA 沉淀中的异丙醇难以挥发去除，所以常规需用 70% 乙醇洗涤 DNA 数次。

② 各种盐溶液对核酸的沉淀，见表 13-1。

表 13-1 核酸沉淀的盐类及浓度

盐	贮存液(mol/L)	终浓度(mol/L)
$MgCl_2$	1	0.01
NaAc	3.0(pH 5.2)	0.3
KAc	3.0(pH 5.2)	0.3
NH_4Ac	10.0	2.0~2.5
NaCl	5.0	0.2
LiCl	8.0	0.8

(4) 总 RNA 的鉴定及含量计算：

① 紫外分光光度法测定 RNA 纯度及含量。

取少量提取的 RNA，经紫外线扫描，吸收峰位于波长 260 nm 处，RNA 纯度为 $A_{260}/A_{280}=1.8~2$。A_{260} 值为 1 的溶液约含有 RNA 40 μg/mL，故 RNA 浓度(μg/mL) = A_{260} × 40 μg/mL × 稀释倍数。

② 琼脂糖凝胶电泳法鉴定 RNA 纯度、质量和相对分子质量大小。

完整的总 RNA 样品应呈现出 3 条条带，分别为 28S rRNA、18S rRNA、5S rRNA。其中 28S rRNA 条带的亮度应约为 18S rRNA 条带亮度的 2 倍，这表明 RNA 样品比较完整，基本无降解。如果此两条带的亮度反过来，则说明 RNA 样品已发生降解。如果在点样槽内或槽附近有荧光区带，则表明 RNA 样品中有 DNA 污染。

植物总 RNA 中 28S rRNA 及 18S rRNA 在变性胶上的迁移率相当于 5.1 kb 及 2.0 kb RNA 的迁移率，以此可作为相对分子质量的参考。

3. 实验仪器和试剂

(1) 仪器：eppendorf 离心机、eppendorf 移液器、低温冰箱等。

(2) 试剂：液氮、氯仿、75% 乙醇(DEPC-H_2O 配制)、0.1% DEPC-H_2O、异丙醇、RNAiso Plus 或者 Trizol。

4. 实验材料

拟南芥幼苗(21 d 龄)。

5. 实验方法与步骤

(1) 实验前准备。

① 了解 RNA 的特征，避免 RNase 污染，并树立 RNase-free 的思想，pH 6.0 微酸性环境下 RNA 相对稳定，碱性条件下易分解。

② 器皿与试剂的准备：玻璃器皿、研钵、金属及耐 250 ℃ 物品需置于 180 ℃~200 ℃ 烤箱中 8 h 以上。提取 RNA 用的所有玻璃器皿及吸头、离心管，均用 DEPC-H_2O 室温浸泡过夜，高压灭菌。所用试剂除 Tris-HCl 外，均用 DEPC-H_2O 配制，室温过夜，高压灭菌。Tris-HCl 则用 DEPC 处理过

的无菌水高压灭菌后配制，然后再次高压灭菌备用。

(2) 实验步骤。

① 磨样：取 10 μg～30 μg 拟南芥叶片于研钵中，加入液氮，用研杵将叶片磨成粉末，转入 eppendorf 管中，在 eppendorf 管中加入 1 mL RNAiso Plus 或者 Trizol 试剂，室温下静置 5 min。

② 12 000 g，4 ℃，离心 5 min。

③ 小心吸取上清液，移入新的 eppendorf 管中（切勿吸出沉淀）。

④ 向新 eppendorf 管中加入 RNAiso Plus 或者 Trizol 试剂的 1/5 体积量的氯仿，盖紧管盖，用手剧烈振荡 15 s（氯仿沸点低、易挥发，振荡时应小心管盖突然弹开）。待溶液充分乳化（无分相现象）后，再于室温下静置 5 min。

⑤ 12 000 g，4 ℃，离心 15 min。

⑥ 从离心机中小心取出 eppendorf 管，此时匀浆液分为 3 层，即无色的上清液、中间的白色蛋白层及带有颜色的下层有机相。吸取上清液转移至另一新的 eppendorf 管中（切勿吸出白色中间层）。

⑦ 向上清液中加入等体积的异丙醇，上下颠倒 eppendorf 管充分混匀后，在 15 ℃～30 ℃ 下静置 10 min。

⑧ 12 000 g，4 ℃，离心 10 min。

⑨ 小心弃去上清，缓慢地沿 eppendorf 管管壁加入 75% 乙醇 1 mL（切勿触及沉淀），轻轻上下颠倒洗涤 eppendorf 管管壁，12 000 g，4 ℃，离心 5 min 后小心弃去乙醇（为了更好地控制 RNA 中的盐离子含量，应尽量除净乙醇）。

⑩ 室温下干燥沉淀 2 min～5 min（不可以离心或加热干燥，否则 RNA 将会很难溶解），加入 20 μL DEPC-H_2O 溶解沉淀，并于 −80 ℃ 下保存。

⑪ 紫外分光光度法测定所提取总 RNA 的浓度和纯度。

6. 注意事项

(1) 尽量简化操作步骤，缩短提取过程，以减少各种有害因素对核酸的破坏。

(2) 减少化学因素对核酸的降解，为避免过酸、过碱对核酸链中磷酸二酯键的破坏，操作多在 pH 4～pH 10 条件下进行。

(3) 减少物理因素对核酸的降解，物理降解因素主要是机械剪切力，其次是高温。机械剪切作用的主要危害对象是大分子量的线性 DNA 分子；核酸提取过程中，常规操作温度是 0 ℃～4 ℃，此温度环境可降低核酸酶的活性与反应速率，减少对核酸的生物降解，所以应避免如长时间的煮沸等高温环境。

(4) 防止核酸的生物降解。

7. 参考文献

[1] R.E. 法雷尔. RNA 分离与鉴定实验指南：RNA 研究方法（原著第 3 版）[M]. 北京：化学工业出版社，2008.

[2] 王建波等编. 遗传学实验教程[M]. 武汉：武汉大学出版社，2004.

[3] 李雅轩，赵昕主编. 遗传学综合实验[M]. 北京：科学出版社，2006.

8. 科学史话

拟南芥（*Arabidopsis thaliana*）属十字花科，与白菜、油菜、甘蓝等经济作物同属一科。拟南芥是植物生物学研究中的一种模式生物，其全基因组测序工作于 2000 年完成，成为植物界第一个被完整测序的物种。与其他一些高等植物相比，拟南芥的基因组很小，5 条染色体总共含约 1.15 亿个碱基对，这与水稻 4.3 亿、玉米 24 亿、小麦 160 亿个碱基对相比，形成巨大的反差。尽管基因组小，拟南芥的 2.5 万多个基因在功能类别上却和其他开花植物大致相似，因而，拟南芥作为实验材料有利于其基因的克隆和饱和突变体库的建立。此外，拟南芥生命周期很短，从播种到种子收获仅需要 6 周～8 周；拟南芥个体较小，适合于实验室内种植。所有这些都使得拟南芥成为一种特别理想的遗传学和分子生物学研究材料，广泛应用于植物生命奥秘的研究探索。

实验 14 RNA 电泳检测

1. 实验目的

(1) 了解琼脂糖凝胶电泳的原理和用途；
(2) 掌握利用甲醛变性凝胶检测 RNA 的操作步骤。

2. 实验原理

高等真核生物细胞内的 RNA 可分为 rRNA、tRNA、mRNA 及核内小分子 RNA 等，其中 rRNA（主要有 28S、18S 和 5S 三种类型）约占总量的 80%～85%，tRNA 和核内小分子 RNA 约占 15%～20%，mRNA 含量最低，仅占 1%～5%。因此，对于分离提取的总 RNA 的质量评价往往是以 rRNA 的质量为参照。纯净、完整的总 RNA 经电泳染色后，在紫外光下通常可以观察到 3 条（28S、18S 和 5S）清晰的、大小明显不同的条带。

RNA 是单链分子，在弱碱性（pH 8.0～pH 8.3）溶液中由于磷酸基团解离而带负电荷，因此在电场中向正极移动。不同相对分子质量和构象的 RNA 分子的电荷密度大致相同，在自由泳动时，各 RNA 分子的迁移率区别很小，难以分开。不同浓度的琼脂糖凝胶因为有不同的孔径结构，具有良好的分子筛效应，利用其作为介质，在电场强度一定时进行电泳，核酸分子因自身分子大小和构象不同，其泳动率会出现较大差异，从而达到分级分离的目的。因此，以琼脂糖凝胶作为电泳介质，在电场作用下，完全可以将 RNA 分子按相对分子质量大小分离。但是 RNA 作为单链分子，在链内或链间由于碱基互补配对，仍可能在局部形成双链结构，影响分子构型，直接进行电泳分离很难反映其真实的相对分子质量大小。一些变性剂如乙二醛—二甲基亚砜、氢氧化甲基汞、甲醛等可使 RNA 分子局部双链变为单链，经此处理后再进行电泳，RNA 的泳动距离与其相对分子质量大小就具有良好的线性关系，即可对 RNA 的分子大小及完整性程度作出准确判断。

RNA 电泳同 RNA 分离提取操作一样要注意免遭 RNase 的降解。所有跟 RNA 直接接触的器皿（如枪头、eppendorf 管等）都需用 0.1% DEPC-H_2O 浸泡并经高压灭菌处理，所有溶液试剂（如电泳缓冲液、加样缓冲液等）均需用 0.1% DEPC-H_2O 配制。操作过程中也要避免操作者带入的 RNase 的污染。

RNA 电泳检测是评判所提 RNA 质量的一种重要方法，也是利用 RNA 开展 Northern 杂交、cDNA 文库构建、反转录 PCR（RT-PCR）等实验的前提和基础。

3. 实验仪器和试剂

(1) 仪器：电泳仪、电泳槽、电子天平、微量移液枪及 Tip 头、微波炉、紫外透射观测仪（或凝胶成像系统）、eppendorf 管等。

(2) 试剂：焦碳酸二乙酯（DEPC）、琼脂糖、甲醛凝胶加样缓冲液（50% 甘油、1 mmol/L pH 8.0 EDTA、0.25% 溴酚蓝、25% 二甲苯青 FF）、5×甲醛凝胶电泳缓冲液（0.1 mol/L pH 7.0 MOPS、40 mmol/L 醋酸钠、5 mmol/L pH 8.0 EDTA）、Goldviewna Ⅰ、甲醛（37% 水溶液）、甲酰胺。

4. 实验材料

实验 13 中提取并保存的拟南芥叶片总 RNA。

5. 实验方法与步骤

(1) 甲醛变性琼脂糖凝胶的配制(以 100 mL 体积为例)：

向 200 mL 锥形瓶中加入准确称量的 1.0 g 琼脂糖，再加 20 mL 5×甲醛凝胶电泳缓冲液，61.8 mL DEPC 处理过的双蒸水，于微波炉中溶胶。待冷却至 60 ℃~65 ℃加 10 μL Goldviewna I，在通风橱中加入 18.2 mL 甲醛(37%水溶液)，混匀。在制胶槽中插入合适齿数的电泳专用梳子，灌制凝胶(小心倾倒，避免产生气泡)，于室温下放置 30 min 或更长时间，待凝胶凝固(甲醛蒸汽有毒，小心操作)。

(2) RNA 的甲醛变性电泳：

① 样品准备。按每样品吸取 4.5 μL RNA 溶液(约合 10 μg)到一无菌 eppendorf 管中，随后加入 5×甲醛凝胶电泳缓冲液 2 μL、甲醛 3.5 μL、甲酰胺 10 μL 并混匀，65 ℃水浴保温 15 min，立即冰浴冷却，瞬时离心(该步骤主要是破坏 RNA 的局部二级结构)。每管加入 2 μL 灭菌的经 DEPC 处理的甲醛凝胶加样缓冲液，混匀(加样缓冲液具有增大样品密度以便于样品入孔、使样品呈现颜色以便于加样操作和观察泳动位置等作用)。

② 预电泳。将胶板浸没在经稀释的 1×甲醛凝胶电泳缓冲液中，按 5 V/cm 电压预电泳 5 min。

③ 点样电泳。将样品按顺序加入点样孔中，按 3 V/cm~4 V/cm 电泳 15 min~20 min(电压按电泳槽的正负极之间的距离计算，而不是按凝胶的长度计算)。

④ 结果观察与分析。电泳结束后(溴酚蓝迁移到距点样孔约 8 cm 处)，紫外灯下观察、拍照(或凝胶成像系统照相)。如图 14-1 所示。

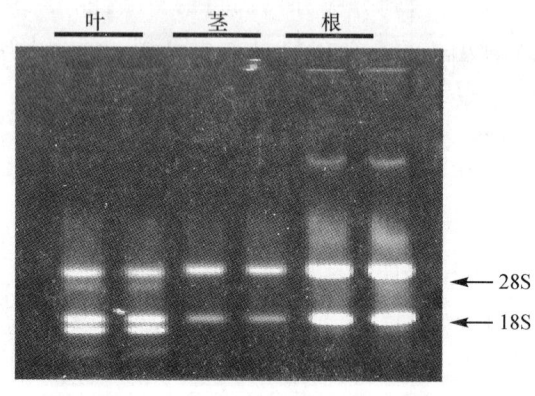

图 14-1 小麦总 RNA 电泳(杜何为博士提供)

可选方案——琼脂糖凝胶电泳

带电荷的物质在电场中趋向运动称为电泳。与蛋白质分子相似，核酸分子也是两性解离分子，在 pH 3.5 时，碱基上的氨基基团解离，而 3 个磷酸基团中只有 1 个磷酸解离，整个核酸分子带正电荷，在电场中向负极泳动，在 pH 8.0~pH 8.3 时，碱基几乎不解离，磷酸根全部解离，核酸分子带负电荷，向正极移动，不同大小和构象的核酸分子的电荷密度大致相同。在自由泳动时各核酸分子的迁移率区别很小，难以分开。所以采用适当浓度的凝胶介质作为电泳支持物，发挥分子筛的功能，使得大小和构象不同的核酸分子泳动率出现较大差异，达到分离目的。

① 凝胶制备：称取 1 g 琼脂糖，加 100 mL 0.5 TAE 或 TBE，微波炉或电炉溶解。

② 制胶：待熔化的琼脂糖温度降到 60 ℃ 以下后，将琼脂糖倒进插了梳子的胶盒中。30 min～40 min 后，胶完全凝固，取梳子，将胶放入电泳槽中，缓冲液没过胶约 0.5 cm～1 cm。

③ 制样：根据上样缓冲液的浓度加样，如 6× 上样缓冲液，则 1 μL 上样缓冲液加 5 μL 样品，依此类推。

④ 点样：用移液器将 DNA 加到样品孔中。注意加 DNA Marker。

⑤ 接通电源，红为正极，黑为负极，DNA 往正极移动，1 V/cm～5 V/cm。

⑥ 根据指示剂移动位置决定终止电泳。将电压调到零，关机，再取出凝胶，EB 染色 10 min～20 min，紫外灯下观察，照相。

6. 注意事项

(1) RNA 电泳无需用 DNA Marker，溴酚蓝和二甲苯青具有很好的分子大小指示作用。溴酚蓝的迁移率比 5S rRNA 稍快，而二甲苯青的迁移率比 18S rRNA 稍慢。

(2) 电泳槽及点样梳均须用 0.1% DEPC-H_2O 浸泡过夜处理。

(3) 电泳结果分析：高质量的 RNA 应该可以看到 28S、18S、5S 三条亮带，其中 5S 条带亮度最弱，28S 条带亮度约为 18S 条带亮度的 2 倍，且条带边缘锐利；若是存在蛋白质、多糖、多酚等大分子杂质，点样孔内可以观察到一定的亮度，亮度越高表示这类杂质越多，RNA 质量越差，最好重新抽提一次或重新提取；若是有基因组 DNA 的存在，就会在最亮带（28S rRNA）前面（靠近点样孔方向）观察到一条带存在，应该用 DNase 进行处理，否则会对后续实验结果产生干扰；若是条带边缘模糊，有拖尾现象，表明 RNA 有降解，拖尾越长表明 RNA 降解越严重。这种降解可能是在 RNA 提取过程中产生的，也可能是在电泳过程中产生的，为慎重起见，最好优化电泳条件并重新电泳一次，若拖尾现象还存在，就说明 RNA 是在提取过程中降解了，最好重新提取。若是有多条带（介于 28S 和 5S 之间）出现，但是条带边缘锐利，则不用过于担心，因为在一些植物材料中这种现象很普遍，可能是 RNA 的二级结构还存在，不会对后续实验产生干扰。若是看不见条带或亮度很弱，首先要考虑是否是 RNA 上样量不足，其次要考虑是否是 RNA 降解所致，若是降解所致，在最前沿应该可以看到一条非常亮的亮带。若是 RNA 样品中有高盐残留，则会出现向上（向点样孔方向）弥散现象，向下弥散大多是由降解所致。

7. 参考文献

[1] 钟卫鸿编著. 基因工程技术实验指导[M]. 北京：化学工业出版社，2007.

[2] J. 萨姆布鲁克，D.W. 拉塞尔. 分子克隆实验指南[M]. 3 版. 黄培堂等，译. 北京：科学出版社，2002.

[3] 王关林，方宏筠主编. 植物基因工程原理与技术[M]. 北京：科学出版社，1998.

实验 15
RT-PCR 法研究基因的表达

1. 实验目的

(1)了解 RT-PCR 的原理和用途；
(2)掌握利用 RT-PCR 研究基因表达的基本方法和操作步骤。

2. 实验原理

RT-PCR 是反转录 PCR(Reverse Transcription PCR)的缩写，是 PCR 技术的一种发展和应用。根据中心法则，生物体内的遗传信息是由 DNA 转录到 mRNA，再经翻译到蛋白质。反转录就是由 mRNA 获得其互补 DNA 序列的过程。RT-PCR 是以 RNA 链为模板，在逆转录酶的作用下合成第一链互补 DNA(Complementary DNA，cDNA)，然后再以此 cDNA 链为模板在 DNA 聚合酶的作用下进行目的 DNA 片段链式扩增的过程；实时 PCR 是以 RT-PCR 技术为基础，用以研究特定基因的时空表达特性的技术体系。研究基因表达的 RT-PCR 既可以检测同一基因在不同的发育时期和不同的组织中的表达情况，也可以检测同一发育时期和相同组织中不同基因的表达情况，但均需要有严格的内参基因作为对照。

基因表达具有时空特异性。某些功能基因只在生物的特定发育时期和特定组织中表达，这是生物个体对生长发育进程和生理代谢需要进行精密调控的结果。RT-PCR 不仅可用于基因克隆、核酸序列分析、基因表达等基础研究，还可用于遗传疾病的诊断、致病细菌或病毒感染的检测等。

3. 实验仪器和试剂

(1)仪器：PCR 仪、电泳槽、电子天平、微量移液枪及 Tip 头、微波炉、凝胶成像系统、eppendorf 管等。

(2)试剂：DEPC、琼脂糖、Goldviewna Ⅰ、RNase 抑制剂、DNase Ⅰ、dNTPs、Oligo (dT)$_{18}$、ddH$_2$O、50×TAE 电泳缓冲液(配制 1 L：242 g Tris 碱、57.1 mL 冰醋酸、100 mL pH 8.0 的 0.5 mol/L EDTA)。

4. 实验材料

实验 13 中提取并保存的拟南芥叶片总 RNA。

5. 实验方法与步骤

(1)总 RNA 的提取。
(2)RNA 质量检测。
(3)第一链 cDNA 的合成。

① 在 0.2 mL eppendorf 管中加入 1 μg～5 μg 经 DNase Ⅰ 处理的总 RNA，10 μmol/L Oligo (dT)$_{18}$ 1 μL，补加用 DEPC 处理过的灭菌 ddH$_2$O 到总体积为 12 μL，混匀，离心 3 s～5 s。

② 70 ℃水浴 5 min,立即冰浴 30 s[确保寡核苷酸引物 Oligo(dT)$_{18}$ 和 mRNA Poly(A)尾退火配对]。

③ 加入 5×M-MLV 反应液 4 μL,20 U/μL RNase 抑制剂 1 μL,2 mmol/L dNTPs 2 μL,200 U/μL M-MLV 反转录酶 1 μL,混匀。

④ 42 ℃水浴 1 h(反转录合成)。

⑤ 85 ℃,10 min 结束反应(灭活反转录酶活性,避免对后续实验产生干扰),产物置冰上进行下一步 PCR 实验,余下的于−70 ℃下保存。

[注意:DNase Ⅰ消化总 RNA 是必要的,不同公司来源的 DNase Ⅰ(RNase-free)有不同的操作步骤,请严格按照说明书操作。在反转录时,不同公司来源的反转录酶的操作步骤也不一样,也请按照说明书操作]

(4)第二链 cDNA 的合成与 PCR 扩增。

按下列成分与体积构建 PCR 扩增体系(50 μL)

ddH$_2$O	33.5 μL
10×Taq buffer(含 Mg^{2+})	5 μL
dNTP mixture(2.5 mmol/L)	5 μL
Primer-F(10 μmol/L)	2 μL
Primer-R(10 μmol/L)	2 μL
Taq 酶(5 U/μL)	0.5 μL
第一链 cDNA	2 μL

体系混匀后,瞬时离心,每管滴加 1 滴矿物油,按下列 PCR 扩增程序进行扩增:

94 ℃,	5 min
94 ℃,	1 min
55 ℃～60 ℃,	1 min ⎫ 30～35 次循环
72 ℃,	1 min ⎭
72 ℃,	10 min
12 ℃,	保温

(注意:PCR 反应体系按照实际需要设置,总体积可以少到 15 μL,不同来源的酶单位也不一致,退火温度依据引物的 Tm 值来确定,延伸时间依据扩增片段的长度来确定,一般 1 kb/min)

(5)PCR 产物电泳检测。

进行普通琼脂糖凝胶电泳。

6. 注意事项

(1)在实验过程中要防止 RNA 的降解,确保 RNA 的完整性。可在第一链 cDNA 合成过程中加入适量 RNase 抑制剂。

(2)要防止基因组 DNA 的污染,有些真核基因不含内含子序列(如 *FAE1*、*FAD2* 等),因此在进行 RT-PCR 之前有必要对 RNA 样品进行 DNA 酶处理。或者在进行 PCR 引物设计时,将上下游引物置于目的基因的不同外显子,可以消除基因组 DNA 扩增的干扰。

(3)实时 RT-PCR 必须要有内参基因。植物中常用的内参基因有 *G3PD*(甘油醛-3-磷酸脱氢酶)、*β-Actin*(β-肌动蛋白)等。其目的在于避免 RNA 定量误差、加样误差以及各 PCR 扩增效率不均一等所造成的误差。主要为了用于靶 RNA 的定量。

(4)为了防止非特异性扩增,必须设阴性对照。

(5) PCR 扩增不能进入平台期。所谓平台期是指 PCR 经过一定次数的循环后，产物不再呈指数级增长。平台效应的出现与所扩增的目的基因的长度、序列、二级结构等有关，故应对每一个目的基因出现平台效应的循环数通过单独实验进行确定。

7. 参考文献

[1] 钟卫鸿编著. 基因工程技术实验指导[M]. 北京：化学工业出版社，2007.

[2] J. 萨姆布鲁克，D. W. 拉塞尔. 分子克隆实验指南[M]. 3 版. 黄培堂等，译. 北京：科学出版社，2002.

[3] 王关林，方宏筠主编. 植物基因工程原理与技术[M]. 北京：科学出版社，1998.

8. 科学史话

聚合酶链式反应(Polymerase Chain Reaction，PCR)是一种利用 DNA 聚合酶在生物体外或试管内(In Vitro)对特定基因或 DNA 片段进行大量合成的扩增技术，具有高效、快速、特异等特点。通常某些特定的基因或 DNA 片段在单个细胞内只存在少数几个拷贝，若要直接对这些核酸片段进行分析和操作几乎是不可能的，只有将这些片段复制上千乃至上万次后才有这种可能性，PCR 技术正是因此而诞生。PCR 就是在体外条件下模拟生物体内 DNA 的复制过程，人为地给 DNA 的体外合成提供一切合适的条件(模板、引物、4 种单核苷酸、DNA 聚合酶、合适的缓冲液系统及 DNA 变性、复性、延伸的温度和时间)，使目的 DNA 得以瞬间呈指数级(2^n，n 表示热循环次数)增长。

1988 年初，Saiki 等从美国黄石国家森林公园火山温泉中分离到一株水生嗜热杆菌(*Thermus aquaticus*)，并从该菌中分离得到了一种耐热 DNA 聚合酶(Taq DNA Polymerase)。该酶具有耐高温的特性，在 70 ℃下反应 2 h 后仍保留有 90%左右的活性，在 93 ℃下反应 2 h 后可保留 60%的活性，在 95 ℃下反应 2 h 后其残留活性约为原来的 40%。且该酶具有较高的扩增特异性和扩增效率，扩增片段长度可达 2.0 kb。1993 年，Mullis 等人因为 PCR 技术的发明而获得了诺贝尔化学奖。

近 20 年来，随着分子生物学技术的发展，人们在 PCR 技术的基础上陆续开创出了不对称 PCR、反向 PCR、多重 PCR、标记 PCR、锚定 PCR、原位 PCR、反转录 PCR、实时定量 PCR 等技术，广泛地应用于基因克隆、DNA 测序、突变分析、产前诊断、病原体检测、癌基因检测和诊断、DNA 指纹与个体识别、亲子鉴定、法医鉴定、动植物检疫等领域。

实验 16
Northern 杂交研究基因的表达

1. 实验目的

(1) 学习并掌握检测基因表达水平的方法；
(2) 学习并掌握 Northern 杂交技术；
(3) 学习用标记探针杂交分析 RNA 样品中特定 mRNA 的大小及丰度。

2. 实验原理

Northern 杂交是检测、定量 mRNA 大小及在组织中表达水平的标准方法，既是能直接提供有关 RNA 完整性、不同的剪接信息及 mRNA 大小等信息的唯一方法，也是在同一张膜上直接比较同一信息在不同样品中的表达丰度的首选方法。其基本原理是通过碱基对之间非共价键(主要是氢键)的形成，即出现稳定的双链区——这是核酸分子杂交的基础。杂交分子的形成并不要求两条单链的碱基顺序完全互补，所以不同来源的核酸单链只要彼此之间有一定程度的互补顺序(即某种程度的同源性)就可以形成杂交双链。分子杂交可在 DNA 与 DNA、RNA 与 RNA 或 RNA 与 DNA 的两条单链之间进行。Northern 杂交是将 RNA 样品通过琼脂糖凝胶进行分离，再转移到固相支持载体上，用同位素或生物素标记的 DNA 探针对固定于膜上的 mRNA 进行杂交，将具有阳性信号的位置与标准相对分子质量分子进行比较，可知此 mRNA 的相对分子质量大小，根据杂交信号的强弱进行比较，可知基因表达的丰度，因此这一技术广泛应用于基因的表达调控、结构和功能研究。Northern 杂交基本原理与 Southern 杂交类似，但 RNA 变性方法与 DNA 不同，不能用碱变性，否则会引起 RNA 的水解。Northern 杂交的操作步骤相当繁琐，且对 RNase 污染非常敏感，任何一步操作不当都会严重影响实验结果。本实验以向上毛细管虹吸印迹法为例介绍 RNA 的转移过程，此方法稍加修改后也可用于 Southern 杂交。

3. 实验仪器和试剂

(1) 仪器：电泳仪、水平电泳槽、杂交炉、水平摇床、$-70\ ℃$ 冰箱、eppendorf 离心机、eppendorf 移液器、eppendorf 管、恒温水浴箱、微波炉、通风橱等。

(2) 试剂：

① 杂交探针：同位素 ^{32}P 或生物素标记。

② $5×$ 甲醛凝胶缓冲液（0.1 mol/L pH 7.0 MOPS、40 mmol/L 醋酸钠、5 mmol/L pH 8.0 EDTA）。

制备方法：20.6 g MOPS 溶于 800 mL 用 DEPC 处理过的 50 mmol/L 醋酸钠溶液中，用 2 mol/L NaOH 溶液调节 pH 至 7.0，然后加入 10 mL 0.5 mol/L EDTA，用 DEPC 预处理过的蒸馏水调节体积至 1 000 mL，0.2 μm 微孔滤膜过滤，室温下避光保存。

③ 甲醛凝胶上样缓冲液（1 mmol/L pH 8.0 EDTA、0.25% 溴酚蓝、0.25% 二甲苯青，DEPC 处理并高压灭菌，室温保存）。

④ 100×Denhardt's 溶液，20×SSC 等。预杂交、杂交所用试液与 Southern 印迹相同。

4. 实验材料

待测细胞总 RNA 或 mRNA 和尼龙膜。

5. 实验方法与步骤

实验步骤如图 16-1 所示。

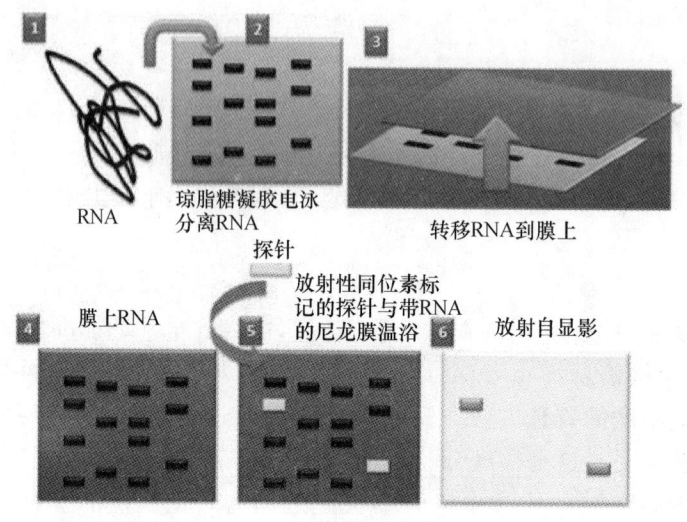

图 16-1 Northern 杂交流程图

(1) 甲醛变性胶分离 RNA 样品：

① 将适量琼脂糖加热溶于水，冷至 60 ℃，加入 5×甲醛凝胶电泳缓冲液和甲醛，使其终浓度分别为 1× 和 2.2 mol/L，在化学通风橱内灌制凝胶（电泳槽必须彻底冲洗干净）。

② 取 1 个 eppendorf 管，按以下体积配制样品：

RNA（总 RNA 30 μg，mRNA 0.3 μg～3 μg）	4.5 μL
5×电泳缓冲液	2.0 μL
甲醛	3.5 μL
甲酰胺	10.0 μL

置 65 ℃ 保温 15 min，迅速置冰浴中，稍稍离心。

③ 加入 2 μL 上样缓冲液。

④ 上样前凝胶预电泳 5 min，然后将 RNA 样品立即上样于加样孔中，另一加样孔加入标准相对分子质量参照物（常用 28S rRNA 和 18S rRNA）。

⑤ 在 1×甲醛凝胶电泳缓冲液中电泳，恒压 2 V/cm～3 V/cm，每 1 h～2 h 将阴、阳极电泳缓冲液混合一次。

⑥ 电泳结束后，切下标准相对分子质量参照物条带，溴化乙锭染色，紫外线下观察，照相。

(2) Northern 印迹：

① 上述电泳后的凝胶一般不需进行处理即可直接进行印迹。含有甲醛的凝胶可用 DEPC 预处理过的水漂洗以去除所含的甲醛。如果凝胶较浓（大于 1%）、较厚（如大于 0.5 cm）或待测 RNA 片段较大（大于 2.5 kb），可预先将凝胶置 0.05 mol/L NaOH 溶液中浸泡 20 min，然后用 DEPC 处理过的水漂洗，最后用 20×SSC 浸泡 45 min。

② 切除无用的凝胶部分。将凝胶的左下角切去，以便于定位。然后将凝胶置于一搪瓷盆中。

③ 在一塑料或玻璃平台上铺上一层 Whatman 3MM 滤纸,此平台要求比凝胶稍大。将此平台置于一盛有 20×SSC 的搪瓷盆中。滤纸的两端要完全浸泡在溶液中。将滤纸用上述溶液浸润,用一玻璃棒将滤纸推平,并排除滤纸与玻璃之间的气泡。

④ 裁剪下一块与凝胶大小相同或稍大的尼龙膜。注意操作时要戴手套,不可用手触摸滤膜,否则油腻的膜将不能被湿润,也不能结合 RNA。

⑤ 将硝酸纤维素漂浮在去离子水中,使其从底部完全湿润。然后置于 20×SSC 中至少 5 min。

⑥ 将中和后的凝胶上下颠倒后,置于上述铺上了 Whatman 3MM 滤纸的平台中央。注意两者之间不要有气泡。

⑦ 在凝胶的四周用 Parafilm 封严,以防止在转移过程产生短路(转移液直接从容器中流向吸水纸),从而使转移效率降低。

⑧ 将湿润的尼龙膜小心覆盖在凝胶上,膜的一端与凝胶的加样孔对齐,排除两者之间的气泡。相应的将膜的左下角剪去。注意膜一经与凝胶接触即不可再移动,因为从接触的一刻起,RNA 已开始转移。

⑨ 将两张预先用 2×SSC 湿润过的与尼龙膜大小相同的 Whatman 3MM 滤纸覆盖在尼龙膜上,排除气泡。

⑩ 裁剪一些与尼龙膜大小相同或稍小的吸水纸,厚 5 cm~8 cm。将之置于 Whatman 3MM 滤纸之上。在吸水纸之上置一玻璃板,其上压一重约 500 g 的物体。转移液将在吸水纸的虹吸作用下从容器中转移到吸水纸中,从而带动 RNA 从凝胶中转移到尼龙膜上。

⑪ 静置 6 h~18 h,使其充分转移,其间换吸水纸 1~2 次。

⑫ 弃去吸水纸和滤纸,将凝胶和尼龙膜置于一干燥的滤纸上。用软铅笔或圆珠笔标明加样孔的位置。

⑬ 凝胶用溴化乙锭染色后在紫外线下检查转移的效率。尼龙膜浸泡于 6×SSC 中 5 min 以去除琼脂糖碎块。

⑭ 尼龙膜用滤纸吸干。然后置于两层干燥的滤纸中,真空下 80 ℃ 烘烤 2 h。

⑮ 此尼龙膜即可用于下一步的杂交反应。如果不马上使用,可用铝箔包好,室温下置真空中保存备用。

(3) 放射自显影:

取出漂洗后的尼龙膜,用保鲜膜包裹。RNA 面朝上,置于暗盒中,将一块比杂交膜稍大的 X 光片压在保鲜膜上。−20 ℃,黑暗下放射自显影。一段时间(2 周)后取出 X 光片依次进行显影、停影和定影,最后用自来水、双蒸水冲洗后晾干。

6. 注意事项

(1) RNA 极易被环境中存在的 RNA 酶降解,因此应特别注意。

(2) 尼龙膜在碱性条件下与 RNA 结合,可用 7.5 mmol/L NaOH 溶液作为转移液,转移效率会更高。

7. 参考文献

[1] R. E. 法雷尔. RNA 分离与鉴定实验指南:RNA 研究方法(原著第 3 版)[M]. 北京:化学工业出版社,2008.

[2] 卢圣栋. 现代分子生物学实验技术[M]. 北京:高等教育出版社,1994.

[3] J. 萨姆布鲁克,D. W. 拉塞尔. 分子克隆实验指南[M]. 3 版. 黄培堂等,译. 北京:科学出版社,2002.

8. 科学史话

核酸杂交技术基本上是从 Hall 等 1961 年的工作开始的，探针与靶序列在溶液中杂交，通过平衡密度梯度离心分离杂交体。该法很慢、费力且不精确，但它开拓了核酸杂交技术的研究。Bolton 等 1962 年设计了第一种简单的固相杂交方法，称为 DNA-琼脂技术。该法尤其适用于过量探针的饱和杂交实验。20 世纪 60 年代中期 Nygaard 等的研究为应用标记 DNA 或 RNA 探针检测固定在硝酸纤维素(NC)膜上的 DNA 序列奠定了基础。由于当时缺乏特异探针，这种方法不能用于研究其他特异基因的表达，但这些早期过量探针膜杂交实验实际上是现代膜杂交实验的基础。

进入 20 世纪 70 年代早期，固相化 Poly U-Sepharose 和寡(dT)-纤维素法等 mRNA 纯化技术的建立促进了核酸杂交技术的进展。1977 年，Alwine 等在 PNAS 上发表文章，阐述了 Northern 杂交技术。70 年代末期到 80 年代早期，限制性内切酶的发展和应用、各种载体系统的诞生、基因组 DNA 文库和 cDNA 文库构建技术等分子生物学技术的发展使分子杂交的探针来源问题得到解决，导致分子杂交技术进一步得到推广。另外，固相化学技术和核酸自动合成仪的诞生，现在可常规制备 18～100 个碱基的寡核苷酸探针。特异 DNA 或 RNA 序列的量和大小均可用 Southern 杂交和 Northern 杂交来测定，与以前的技术相比，大大提高了杂交水平和可信度。

1991 年 Affymetrix 公司在 Southern 杂交的基础上，开发出世界上第一块寡核苷酸基因芯片，自此微阵列技术（基因芯片）得到迅速发展和广泛应用，已成为功能基因组或者转录组学(Transcriptomics)研究中最主要的技术手段。

尽管取得了上述重大进展，但分子杂交技术在实际应用中仍存在不少问题，如必须提高检测单拷贝基因的敏感性，用非放射性物质代替放射性同位素标记探针以及简化实验操作和缩短杂交时间，这样，就需要在以下三个方面着手研究：第一，完善非放射性标记探针；第二，靶序列和探针的扩增以及信号的放大；第三，发展简单的杂交方式。只有这样，才能使 DNA 探针实验做到简便、快速、低廉和安全。

实验 17 转基因烟草

1. 实验目的

(1) 掌握组织培养的一般程序;
(2) 掌握农杆菌介导的基因转化的原理、技术和方法;
(3) 了解转基因植物以及转基因生物的安全性。

2. 实验原理

植物遗传转化技术可分为两大类:一类是直接基因转移技术,包括基因枪法、原生质体法、脂质体法、花粉管通道法、电激转化法、PEG 介导转化方法等,其中基因枪介导转化法是代表;另一类是生物介导的转化方法,主要有农杆菌介导和病毒介导两种转化方法,其中农杆菌介导的转化方法操作简便、成本低、转化率高,广泛应用于双子叶植物的遗传转化,本实验主要利用此法。

(1) 农杆菌介导转化法

农杆菌是普遍存在于土壤中的一种革兰氏阴性细菌,它能在自然条件下趋化性地感染大多数双子叶植物的受伤部位,并诱导产生冠瘿瘤或发状根。根癌农杆菌(*Agrobacterium tumefacians*)和发根农杆菌细胞中分别含有 Ti 质粒(tumor inducing plasmid)和 Ri 质粒,其上有一段 T-DNA,农杆菌通过侵染植物伤口进入细胞后,可将 T-DNA 插入到植物基因组中。因此,农杆菌是一种天然的植物遗传转化体系。

早在 20 世纪 70 年代末 80 年代初,人们就发现根癌农杆菌侵染植物后将其 Ti 质粒上一段 DNA (T-DNA)插入到被侵染细胞的基因组中,并能稳定地遗传给后代。因为转入的这一段 DNA 含有一些激素合成基因,因而导致转化细胞自身激素的不平衡,从而产生冠瘿瘤。这些致瘤菌株都含有一个约 200 kb 的环状质粒,即 Ti 质粒,包括毒性区(Vir 区)、接合转移区(Con 区)、复制起始区(Ori 区)和 T-DNA 区 4 个部分。其中与冠瘿瘤生成有关的是 Vir 区和 T-DNA 区。Vir 区大小为 30 kb,分 *virA*~*virJ* 等至少 10 个操纵子,决定了 T-DNA 的加工和转移过程,T-DNA 可以将携带的任何基因整合到植物基因组中,但这些基因本身与 T-DNA 的转移和整合无关,仅左右两端各 25 bp 的同向重复序列为其加工所必需,其中 14 bp 是完全保守的,分不连续的 10 bp 和 4 bp 两组。两边界中以右边界更为重要。VirA 作为受体蛋白接受损伤植物细胞分泌物的诱导,自身磷酸化后进一步磷酸化激活 VirG 蛋白。T-DNA 区是一种 DNA 转录活化因子,被激活后可以特异性结合到其他 *vir* 基因启动子区上游的一个叫 vir 框(vir box)的序列,启动这些基因的转录。其中,*virD* 基因产物对 T-DNA 进行剪切,产生 T-DNA 单链。然后以类似于细菌接合转移过程的方式将 T-DNA 与 VirD$_2$ 组成的复合物转入植物细胞,在那里与许多 VirE$_2$ 蛋白分子(为 DNA 单链结合蛋白)相结合,形成 T-链蛋白复合体(T-complex)。在此过程中 VirE$_1$ 作为 VirE$_2$ 的一个特殊的分子伴侣具有协助 VirE$_2$ 转运和阻止它与 T-DNA 链结合的功能。实验表明,转基因植物产生的 VirE$_2$ 蛋白分子也能在植物细胞内与 VirD$_2$-T-DNA 形成 T 链复合物。之后,这一复合物在 VirD$_2$ 和 VirE$_2$ 核定位信号(NLS)引导下以 VirD$_2$ 为先导被转运进入细胞核。转入细胞核的 T-DNA 以单拷贝或多拷贝的形式随机整合到植物染色体上。人们将目的基因插入到经过改造的 T-DNA 区,借助农杆菌的感染实现外源基因向植物细胞的转移与整合,然后通过细胞和组织培养技术,再生出转基因植株。

农杆菌介导法转化植物的关键是 T-DNA 整合到受体植物细胞基因组的过程。T-DNA 的转移机理比较复杂,涉及 Vir 区各种基因的表达以及一系列蛋白质和核酸的相互作用。其过程是:植物细胞在受伤后细胞壁破裂,分泌物中含有高浓度的创伤诱导因子,它们是一些酚类化合物,如乙酰丁香酮(acetosyringone, AS)和羟基乙酰丁香酮(hydroxyacetosyringone, OH-AS)。农杆菌对这一类物质具有趋化性,首先在植物细胞表面发生贴壁,继而植物创伤诱导分子诱导农杆菌 Vir 区基因的激活与表达。首先是 VirA 和 VirG 基因的活化,然后磷酸化的 VirG 蛋白激活一系列 Vir 基因的表达,导致 T-DNA 被剪接、加工,形成 T-链蛋白复合体,通过农杆菌和植物细胞的细胞膜,细胞壁进入到植物细胞内。T-链蛋白复合体上的核靶序列可引导 T-DNA 整合到植物基因组。

农杆菌介导植物细胞转化过程如图 17-1 所示。

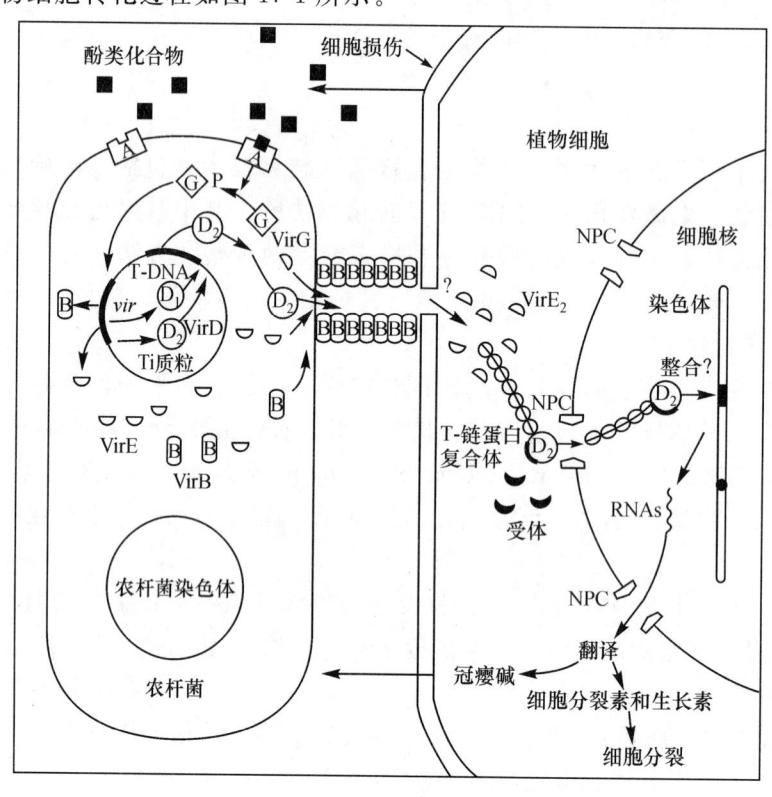

图 17-1 农杆菌介导植物细胞转化过程示意图

(2) 基因枪介导转化法

利用火药爆炸或高压气体加速(这一加速设备被称为基因枪),将包裹了带目的基因的 DNA 溶液的高速微弹直接送入完整的植物组织和细胞中,然后通过细胞和组织培养技术,再生出植株,筛选出其中的转基因阳性植株即为转基因植株。与农杆菌转化相比,基因枪法转化的一个主要优点是不受受体植物范围的限制,而且其载体质粒的构建也相对简单,因此也是目前转基因研究中应用较为广泛的一种方法。

(3) 花粉管通道法

在授粉后向子房注射含目的基因的 DNA 溶液,利用植物在开花、受精过程中形成的花粉管通道,将外源 DNA 导入受精卵细胞,并进一步地被整合到受体细胞的基因组中,随着受精卵的发育而成为带转基因的新个体。该方法由我国学者周光宇提出,我国目前推广面积最大的转基因抗虫棉就是用花粉管通道法培育出来的。该法的最大优点是不依赖组织培养人工再生植株,技术简单,不需要装备精良的实验室，易于常规育种工作者掌握。

3. 实验仪器和试剂

(1)仪器：超净工作台、培养箱、人工气候箱、摇床、移液器、水浴锅、冷冻离心机、电转仪、pH 计、高压灭菌锅、培养皿、锥形瓶、烧杯、量筒等。

(2)试剂：液氮、培养基、植物生长调节物质等。如下：

① 培养基母液的配制和保存。

MS 培养基含有近 30 种营养成分，为了避免每次配制培养基都要对这几十种成分进行称量，可将培养基中的各种成分按原量的 20 倍或 200 倍分别称量，配成浓缩液，这种浓缩液叫做培养基母液。这样每次使用时，取其总量的 1/20(50 mL)或 1/200(5 mL)，加水稀释，即可制成培养液。

	大量元素	mg/L（×20）
母液Ⅰ	NH_4NO_3	33 000
	KNO_3	38 000
	$CaCl_2 \cdot 2H_2O$	8 800
	$MgSO_4 \cdot 7H_2O$	7 400
	KH_2PO_4	3 400
	微量元素	mg/L（×200）
母液Ⅱ	KI	166
	H_3BO_3	1 240
	$MnSO_4 \cdot 4H_2O$	4 460
	$ZnSO_4 \cdot 7H_2O$	1 720
	$Na_2MoO_4 \cdot 2H_2O$	50
	$CuSO_4 \cdot 5H_2O$	5
	$CoCl_2 \cdot 6H_2O$	5
	铁盐	mg/L（×200）
母液Ⅲ	$FeSO_4 \cdot 7H_2O$	5 560
	$Na_2\text{-EDTA} \cdot 2H_2O$	7 460
	有机成分	mg/L（×200）
	肌醇	20 000
	烟酸	100
母液Ⅳ	盐酸吡哆醇（维生素 B_6）	100
	盐酸硫胺素（维生素 B_1）	100
	甘氨酸	400

各种母液配完后，分别用玻璃瓶储存，并且贴上标签，注明母液号、配制倍数、日期等，保存在冰箱的冷藏室中。

② 培养基配方。

A. MS 培养基(1 L)固体：MS 母液Ⅰ 50 mL，MS 母液Ⅱ 5 mL，MS 母液Ⅲ 5 mL，MS 母液Ⅳ 5 mL，蔗糖 30 g，0.8%琼脂(液体培养基不加琼脂)。调 pH 至 5.8(一般加 5 mol/L NaOH 溶液 2～3 滴即可)。

B. 1/2 MS 培养基：MS 母液Ⅰ 25 mL，MS 母液Ⅱ 5 mL，MS 母液Ⅲ 5 mL，蔗糖 15 g～20 g，0.8％琼脂(液体培养基不加琼脂)。调 pH 至 5.8。(注意：不需要 MS 母液Ⅳ)

C. 烟草分化培养基：MS＋6-BA (1 mg/L)＋蔗糖 30 g。

D. 烟草生根培养基：1/2 MS 培养基。

③ 培养基的配制。

A. 先在 1 L 锥形瓶中加入 800 mL 左右的蒸馏水，用量筒或移液器从各种母液中分别取出所需的用量：母液Ⅰ 50 mL，母液Ⅱ、母液Ⅲ、母液Ⅳ各 5 mL，加入锥形瓶中。

B. 用移液器取激素 6-BA(1 mg/L) 1 mL，加入锥形瓶中。

C. 称取蔗糖 30 g，加入锥形瓶中。

D. 将 pH 计探头伸入锥形瓶液面下，用 2 mol/L NaOH 溶液调 pH 为 5.8；加水定容到 1 L。

E. 称取琼脂粉 8 g 倒入瓶中，混匀，封口，121 ℃高压灭菌 15 min。

配制培养基时应注意：

A. 在使用提前配制的母液时，应在量取各种母液之前，轻轻摇动盛放母液的瓶子，如果发现瓶中有沉淀、悬浮物或被微生物污染，应立即淘汰这种母液，重新进行配制。

B. 用量筒或移液管(器)量取培养基母液之前，必须用所量取的母液将量筒或移液管(器)润洗 2 次。

C. 量取母液时，最好将各种母液按将要量取的顺序写在纸上，量取 1 种，划掉 1 种，以免出错。

D. 培养基的 pH 一般调到 5.0～6.0。一般来说，当 pH＞6.0 时，培养基将会变硬；pH＜5.0 时，琼脂不能很好地凝固。pH 对不同植物的影响有差异。

④ 生长调节物质的配制。

A. 吲哚乙酸(IAA)、吲哚丁酸(IBA)和赤霉素(GA_3)先用少量 95％乙醇溶解，再加水定容。

B. 萘乙酸(NAA)可溶于热水或少量 95％乙醇中，再加水定容。

C. 2,4-二氯苯氧乙酸(2,4-D)不溶于水，可用 1 mol/L NaOH 溶解后，再加水定容。

D. 激动素(KT)和 6-苄基腺嘌呤(6-BA)应先溶于少量 1 mol/L HCl 中，再加水定容。

E. 玉米素先溶于少量 95％乙醇中，再加水定容。

(注意：吲哚乙酸、玉米素等遇热不稳定的生物活性物质，不能进行高压灭菌，而必须采用过滤方法灭菌)

4. 实验材料

烟草种子，烟草无菌苗，农杆菌菌株 LBA4404，带有外源基因的重组质粒。

5. 实验方法与步骤

(1) 烟草无菌苗的培养

① 打开超净工作台挡板，用 70％酒精棉球清洁工作台台面，紫外线杀菌 15 min，然后将风量调到适中吹风。

② 准备好无菌去离子水、烧杯、锥形瓶等。

③ 选 100 粒左右饱满烟草种子放入无菌的 eppendorf 管中。

④ 加入 1 mL 的 75％乙醇，上下轻摇 1 min。

⑤ 用移液器吸干乙醇，再加入 10％ H_2O_2 (或 NaClO)溶液表面灭菌 12 min，其间上下颠倒 eppendorf 管数次。

⑥ 用移液器吸出 H_2O_2(或 NaClO)溶液，再用无菌水洗 3 次。

⑦ 取 5～6 粒种子用移液器吸打于锥形瓶中 1/2 MS 培养基(不含激素)上,通过吸打无菌水将种子铺匀(通常用 1 mL 枪头,且枪头顶端被剪掉),封口。

⑧ 放入培养箱 25 ℃培养,每天观察有无污染。取 50 d～60 d 龄的无菌试管苗健壮叶片,用作实验起始材料。(注意:烟草无菌苗要提前准备,培养一批无菌苗后,不断继代,可保证不论何时都有材料可用)

(2)常规农杆菌感受态的制备

① 将农杆菌 LBA4404(抗硫酸链霉素,100 μg/mL)划 YM 平板,28 ℃培养 48 h。(YM 培养基配方:0.4 g/L 酵母抽提液,10 g/L 甘露醇,0.1 g/L NaCl,0.1 g/L $MgSO_4$,0.5 g/L K_2HPO_4,调 pH 为 7.2～7.4,固体加 15 g/L 琼脂)

② 挑取单菌落接种到 40 mL YM 液体培养基中,28 ℃,220 r/min 悬浮培养 12 h～20 h。

③ 在超净工作台上将菌液转入灭过菌的 50 mL 离心管中,4 ℃,8 000 g,离心 10 min,弃上清,用 100 mmol/L NaCl 溶液(4 ℃预冷)重新悬浮农杆菌,4 ℃,8 000 g,离心 10 min,弃上清,加入原始菌液 1/50 体积(800 μL)的 20 mmol/L $CaCl_2$ 溶液重悬菌体,并分装成 100 μL/管(此时的感受态农杆菌可以直接用于转化)。(注意:也可以用 LB 培养基,但有时在 LB 液体培养基中农杆菌容易结块而不利于后续实验,用 YM 培养基时农杆菌不易结块,菌液呈乳白色)

④ 置液氮中 10 s,−80 ℃保存备用。

(3)质粒转化农杆菌

① 将感受态农杆菌置于冰上,加入 1 μg 质粒 DNA(体积不宜超过 5 μL),充分混匀,置冰上 30 min。

② 置液氮中 1 min(时间不宜过长),迅速转入 37 ℃水浴中,待其融化,加入 1 mL YM 液体培养基。

③ 28 ℃,220 r/min 摇床培养 2 h～4 h。

④ 3 000 g,离心 2 min,将上清吸去 500 μL,留 500 μL 于管中,重悬菌体,并涂布到含有 Km(50 μg/mL)和 Str(100 μg/mL)的 YM 平板上,吹干,28 ℃培养 48 h。

⑤ 挑取单菌落接种到含有 Km 和 Str 的 YM 液体培养基中,28 ℃,220 r/min 培养 48 h,菌液用于保存或转化。

(注意:也可以采用电转法,效率更高,操作更简便,但需要电转仪)

电转化农杆菌感受态细胞的制备

① 取 500 μL 新鲜的过夜培养的 LBA4404 于 500 mL LB 液体(链霉素浓度为 100 μg/mL)培养瓶中。

② 28 ℃,220 r/min 摇床培养至 A_{600} 为 0.5 左右(12 h～20 h)。

③ 将培养瓶在冰上放置 15 min～30 min,转移至离心瓶中,4 ℃,4 000 g,离心 15 min,从此步起,细胞必须一直保持冷却。

④ 弃上清,重悬细胞于 500 mL 1 mmol/L Hepes(pH7.4)中,4 ℃,4 000 g,离心 15 min。

⑤ 弃上清,重悬细胞于 250 mL 1 mmol/L Hepes(pH7.4)中,4 ℃,4 000 g,离心 15 min。

⑥ 弃上清,重悬细胞于 10 mL 1 mmol/L Hepes(pH7.4)中,4 ℃,4 000 g,离心 15 min。

⑦ 弃上清,重悬细胞于 2 mL 冰冷的 10%甘油,分装于 eppendorf 管中,每管 40 μL,液氮中速冻,保存于−70 ℃。

电转化

① 将感受态细胞在冰上融化,将 40 μL 感受态细胞转移至放在冰上的预冷的电转杯中。

② 加入 1 μL～2 μL 质粒(2 ng～100 ng),混匀,放在冰上。

③ 根据电转仪的操作说明设置正确的电压,选择适当的电转杯。

④ 将电转杯放到电转仪的槽中，启动开关。电击过程大约是 5 ms。

⑤ 马上在电转杯内加入 1 mL LB 液体培养基，转移至新的无菌 eppendorf 管中，在室温下静置 1 h（一般就放在超净工作台里）。

⑥ 取 200 μL 涂布在 LB 平板上（Km 浓度为 50 μg/mL），28 ℃培养 2 d 左右可见菌落长出。进行菌落 PCR 筛选阳性克隆（一般都是阳性菌落），然后挑选阳性菌落进行液体培养，用于后续实验。

(4) 烟草叶盘转化

① 接种 LBA4404（含质粒 DNA）于固体培养基上，2 d 后挑取单菌落于 50 mL YM 液体培养基中，28 ℃，200 r/min，摇床培养 42 h～48 h，A_{600} 为 1 左右时使用，3 000 g，离心，以液体 MS 培养基稀释至 A_{600} 约为 0.5。

② 取无菌叶片，切成 0.25 cm² 大小的叶盘，于菌液中浸泡 10 min，叶片上表皮朝下，置于共培养基上，每皿 6～7 片，共培养 2 d(48 h)。共培养基为 MS+6-BA(1mg/L)。

③ 共培养结束后，用液体 MS 培养基洗叶片 2 次，再用加头孢霉素（Cef，500 mg/L）的液体 MS 培养基洗 1 次，叶盘转移至选择培养基上，每隔 15 d 继代一次，选择培养基为 MS+6-BA(1 mg/L)+Km(50 mg/L)+Cef(500 mg/L)。

④ 待再生芽长至 10 mm 时切取小芽移至生根培养基上。生根培养基为 1/2 MS+Km(50 mg/L)。

⑤ 苗生根后，移栽入营养土中，先在培养箱中驯化 2 d，然后在培养室中培养。

(5) 从转基因植株中小量提取 DNA

① 取 0.05 g 新鲜或−75 ℃冷冻转基因植物材料，放入 1.5 mL 离心管中。

② 加入 600 μL 提取缓冲液，用塑料研磨棒或用一次性 1.5 mL tip 头上下捣碎组织。

③ 12 000 r/min 离心 10 min（4 ℃或者室温），取上清液加等体积的 Tris-酚/氯仿，混匀。

④ 12 000 r/min 离心 10 min（4 ℃或者室温），取上清液加等体积的异丙醇，混匀。

⑤ 12 000 r/min 离心 10 min（4 ℃或者室温）。

⑥ 弃上清，用 70%乙醇洗涤沉淀，略晾干即可得到 DNA 粗制品。

⑦ 加入 30 μL～50 μL 无菌蒸馏水或 TE 缓冲液溶解，−20 ℃保存备用。

所需试剂：提取缓冲液（200 mmol pH 7.5 Tris-HCl，250 mmol/L NaCl，25 mmol/L EDTA，0.5% SDS 溶液）；Tris-酚；氯仿；异丙醇；无水乙醇；70%乙醇。

(6) 外源基因的 PCR 检测

按常规程序进行。

6. 注意事项

(1) 农杆菌的培养。制备纯度高、生长旺盛、侵染能力强的农杆菌侵染液是 Ti 质粒转化的第一步，常用的培养基有 LB，YM，YEB，TY，523PA，MinA 等。农杆菌的生长周期：固体培养一般需要 2 d～3 d，液体培养需 1 d～2 d。农杆菌接种到培养液中后，并不立即开始增殖，一般在 25 ℃～30 ℃时，需 1 h～2 h 细菌开始分裂。测定细菌浓度最简单的是光密度测定法：将菌液装入比色杯中，测 A_{600}，1 A_{600} 细菌浓度相当于 8×10^8 个细胞/mL。

(2) 农杆菌的纯化。采用常规的微生物纯化方法，即划线法。用接种针划线，然后用 parafilm 封口，将培养皿倒置放在恒温培养箱内，在 25 ℃～28 ℃下培养过夜，2 d 后可看到分离的单菌落。挑取单菌落接种在液体培养基内，进行振荡培养。在工程菌的纯化过程中利用选择抗生素是非常重要的。因为在质粒构建时已把标记基因插入 T-DNA 中，并带有细菌中表达的启动子，故称为选择标记。

(3) 农杆菌侵染悬浮液的制备。液体振荡培养的农杆菌，通常培养 12 h～24 h 后即可达到对数生长期。用离心管取一定量的菌液，4 000 r/min 离心，弃上清，再加入植物外植体诱导愈伤组织的液体培养基，使其吸光度达到 0.5，即可用作接种外植体的工程菌液。

(4) 农杆菌的保藏。在 7% 二甲基亚砜(DMSO)或 15% 甘油中，菌种可于 −70 ℃冰箱或液氮中长期保存。当甘油浓度增加到 40%～50% 时，细菌可在 −20 ℃至 70 ℃条件下保存若干年不失活。

(5) Vir 区基因活化诱导物的使用。Vir 区基因的活化是农杆菌 Ti 质粒基因转化域，Vir 区基因的活化直接调控着 T-DNA 的转移。已有大量实验表明酚类化合物对 Vir 区基因的活化具有重要作用，因此正确使用 Vir 基因诱导物至关重要。常用的 Vir 基因诱导物是乙酰丁香酮(AS)和羟基乙酰丁香酮(OH-AS)。一般有以下三种方法使用诱导物：

① 在农杆菌液体培养时加入 AS，加入时间一般为制备工程菌侵染液使用前 4 h～6 h。也有的在农杆菌悬浮液离心后用植物外植体培养基稀释成侵染液时加入。

② AS 加在农杆菌和外植体共培养的培养基中。

③ 在农杆菌液体培养基及共培养时都加入 AS。研究发现 pH 对 Vir 区的活化有着明显的影响，从理论上讲 AS 的培养基 pH 为 5.0～5.6 时，Vir 区基因的诱导达到最高水平。pH 改变 0.3 对多种植物的转化率都有影响。通常农杆菌培养时 pH 为 7.2。这种生长旺盛的菌株 Vir 区基因处于不活化状态。植物组织培养基 pH 为 5.8，有利于 Vir 区基因的活化。在 Vir 区基因活化诱导中应调整培养基的 pH，同时还应注意到培养基在高压灭菌后 pH 有所下降，依据不同培养基的缓冲能力，下降幅度不同，如 MS 培养基在高压灭菌条件下 pH 下降 0.3。

(6) 外植体的选择。一个成功的遗传转化设计的首要条件是正确地选择外植体，明确受体细胞的转化能力是选择外植体的依据。转化外植体的选择原则如下：

① 以叶、子叶、胚轴为首选外植体材料。

② 要注意外植体的年龄，选择幼年的外植体。

③ 以幼胚、体细胞胚及成熟胚作为外植体时应考虑其转化的最佳感受期。

④ 基因转化外植体和组织培养外植体的选择基本一致。

⑤ 应考虑感受态细胞在外植体的部位。如叶尖部分生细胞少，叶基部分生细胞多，子叶基部有大量的分生细胞，胚轴的极端也有大量的分生细胞，切割时应符合以下原则：暴露分生组织细胞，即在分生组织处切割；尽量增加农杆菌与分生组织的接种面积，例如胚轴斜切面较横切面为优。

(7) 外植体的预培养、接种及与农杆菌的共培养。把农杆菌接种到外植体的损伤表面。将切割成小块的外植体浸泡在制备好的农杆菌菌液中，浸泡一段时间后，放在无菌吸水纸上吸干外植体非伤口面的菌液，即可进行共培养。接种菌体后的外植体培养在诱导愈伤组织培养基上，在外植体细胞分裂、生长的同时，农杆菌在外植体切口面增殖生长，该二者共同培养的过程称为共培养。有的研究中在固体培养基表面上加一层滤纸，有利于控制外植体上的农杆菌过度增殖。农杆菌和外植体的共培养过程是非常重要的环节，因为农杆菌附着、T-DNA 的转移及整合都在这一时期内完成，因此对实验操作人员来说共培养技术的掌握是完成转化的关键。农杆菌转化时，并不侵入到植物细胞中去，而是把 T-DNA 转移到植物细胞。农杆菌附着后不能立即转化，只有在创伤部位生存 6 h 之后的菌株才能诱发肿瘤，这一段时间称为"细胞调节期"，因此，共培养时间必须长于 16 h。但共培养时间太长时，由于农杆菌的过度生长，植物细胞会因受到毒害而死亡。共培养时间对转化率有很大影响，而且物种、外植体种类、农杆菌菌株不同时，最佳共培养时间也不同。

(8) 外植体脱菌及选择培养。与农杆菌共培养后的外植体表面及浅层组织中共生有大量农杆菌。为杀死和抑制农杆菌的生长必须进行脱菌培养，使外植体更好地生长发育。所谓脱菌培养，即把共培养后的外植体转移到含有抗生素的培养基上。常用的为头孢霉素(cefotaxine, Cef)，使用浓度一般为 500 mg/L，使用原则是在达到抑制农杆菌生长的目的下，尽量降低其浓度。脱菌培养的时间，一一般需5~6代继代培养,但仍然不能把残留的农杆菌杀死,特别是共生在维管束和细胞间隙的农杆菌。如果停止使用抗生素后的外植体又有农杆菌生长,可再使用抗生素脱菌。也有的植物一直使用抗生素,直到试管苗形成。

(9)转化体的选择培养。如何选择转化的细胞也是一个重要环节。转化的细胞和非转化的细胞在生长发育过程中存在着竞争,如果转化细胞不能生长起来,转化也不能成功,因此选择是必不可少的步骤。①选择压:Km 50 mg/L~100 mg/L;②选择的方法及时期:先选择后再生。

(10)农杆菌的增殖速度。共培养中农杆菌的增殖是否适度直接与转化结果相关,农杆菌的增殖和生长状态与其侵染能力相关。如果共培养时农杆菌增殖生长不良,外植体切口边缘只有很少的农杆菌生长,则转化的几率很小;反之,如果农杆菌在外植体四周过度增殖,就可引起对外植体的毒害,致使其褐化死亡。控制农杆菌增殖适度的原则是既要使菌株在外植体边缘特别是切口面旺盛增殖生长,又不应过度,一般以覆盖切口面为宜。控制农杆菌增殖的方法有以下几种:①调整农杆菌菌液的浓度,生长太快则降低菌液浓度,保持农杆菌菌液浓度A值为0.1~0.5;②控制共培养时间;③使用抗生素调控农杆菌的增殖生长。

7. 参考文献

[1] 李卫,郭光沁,郑国昌. 根癌农杆菌介导遗传转化研究的若干新进展[J]. 科学通报,2000,45(8):798-807.

[2] 谢志兵,钟晓红,董静洲. 农杆菌属介导的植物细胞遗传转化研究现状[J]. 生物技术通讯,2006,17(1):101-104.

[3] 金万枚,巩振辉,李桂荣,等. 植物遗传转化方法和转基因植株的鉴定[J]. 陕西农业科学,2000(1):24-29.

[4] 王关林,方宏筠编著. 植物基因工程原理与技术[M]. 北京:科学出版社,1998.

8. 科学史话:转基因作物的安全性

与传统育种技术相比,转基因育种技术有以下特点:第一,传统育种技术的遗传物质交流只能在同一个物种之间进行,转基因技术则打破了这一限制,使遗传物质的交流可以在不同物种之间进行;第二,传统育种技术的操作对象是整个基因组,不可能准确地对某个基因进行选择,而转基因技术所转移的是经过明确定义的基因,后代所表现出的性状可以准确预期。由此可见,转基因技术是对传统育种技术的发展和补充,而且更为精准、安全、可控,它只会改变作物的抗虫、抗逆等遗传特性,而并不是改变作物的遗传规律。

与人类种植、培育了几千年的传统农作物相比,转基因作物的出现只有20多年时间,因此,有人质疑吃了转基因食品后,转基因会被人体吸收,引发潜在风险。其实这完全是一种误解。任何一种来源于动物或植物的食品本身都含有3万至5万个基因,转基因食品只不过比原有食品增加了一两个,而转基因的性质跟其他基因的理化特性是完全一样的。所有这些基因进入人体后,都会被消化成单个的核苷酸,不再含有任何的遗传信息。千百年来人类常吃的任何一种动物或植物食品,也包含了成千上万种基因,从来没有人担心它们会改变人的基因或遗传给后代,也从未发生这种现象。

对待转基因技术,不能过分地夸张,也不能无视它的发展。转基因技术首先要有好基因,然后转化到最好的品种里,才能发挥更大的作用。这要求拥有相当高的传统育种水平,比如,分子育种就是和原来常规育种技术很好地结合,大大提高了育种水平,产生了更好的品种。转基因有作物本身不具备的外缘基因优势,很难寻找,目前真正用到生产中并大规模产业化的只有两个:抗除草剂和抗鳞翅目害虫。未来,要把更多的外缘基因转到农作物里面去,这是一个漫长而逐步发展的过程。

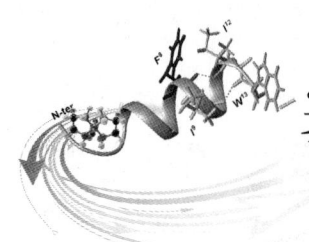

实验 18 拟南芥的转化及转基因植株表型分析

1. 实验目的

(1) 了解拟南芥遗传转化的原理；
(2) 学习拟南芥遗传转化的方法；
(3) 熟悉拟南芥的生命周期；
(4) 了解拟南芥转基因植株表型分析的方法。

2. 实验原理

拟南芥（*Arabidopsis thaliana*）是十字花科拟南芥属植物，虽然没有经济价值，但具有生育期短、植株个体小及基因组小等特点，因而长期以来一直被用作分子生物学和传统遗传学研究的模式实验材料，作为高等植物中具有最少基因组的物种，在科学研究中的地位极为重要。

利用根癌农杆菌把 DNA 转化进拟南芥基因组已是常规操作，而现在利用的称为"floral-dip"的方法并不涉及组织培养和植株再生。

农杆菌介导的 floral-dip 转化方法是近年发展起来的一种简单、快速、高效、重复性好、稳定性高的非组织培养转基因方法。其最大的优点在于能直接获得转化的种子，避开了组织培养和继代培养，排除了组织培养中因体细胞变异给目的基因的正确表达及分子遗传学研究带来的极为不利的遗传背景。Floral-dip 转化中农杆菌侵染的是生殖细胞，所以被感染细胞的发育时期就成为决定农杆菌转化能否成功的最终因素。拟南芥为无限生长花序，花序上的每一个花蕾的发育时期都不尽相同，把整个花序浸渍在农杆菌菌液中，总会有一些花蕾接触的是处于最佳转化时期的农杆菌。

在 floral-dip 转化过程中，当花序与农杆菌菌液接触时在表面活性剂 Silwet L-77 作用下农杆菌进入拟南芥细胞外空间，并保持不活跃状态，直到某一天被配子体组织的某一特殊细胞类型激活而发生转化，所获得的转化种子一般为杂合子。因此，大部分研究者都认为转化是发生在植物发育后期。关于转化发生在植物发育后期有三个假设：其一是花序与农杆菌接触时，农杆菌进入材料的细胞外空间，并保持不活跃状态，直到某一天被配子体组织的某一特殊细胞类型激活而发生转化；其二是在发育后期，大孢子和小孢子母细胞发育前，通过平周分裂，转化的表层 1 和表层 2 的细胞发生置换，后者是造孢组织细胞，这种细胞层置换的现象已有许多报道；其三是在雄配子体与雌配子体结合成合子后，合子还要静止 10 h～20 h，这时不具备正常的细胞壁，有利于外源基因进入，实现某些基因的整合。

3. 实验仪器和试剂

(1) 仪器：量筒（带刻度）、玻璃棒、锥形瓶、pH 计、移液枪及枪头、搅拌器、离心机、高压灭菌锅、水浴锅、PCR 仪、恒温振荡器、超净工作台、紫外分光光度计、15 cm 培养皿、9 cm 培养皿、直尺。

(2) 试剂：NaClO、营养土、蛭石。此外还有：

① YEP 培养基：蛋白胨 10 g/L，酵母提取物 5 g/L，NaCl 10 g/L，卡那霉素 50 μg/mL（在培养基灭菌后冷却至 50 ℃左右时加入）。

② 农杆菌悬浮液：蔗糖 5%，Silwet L-77 0.05%。

③ MS 培养基：MS 培养基干粉 4.74 g/L，蔗糖 30 g/L，琼脂粉 8 g/L，潮霉素 80 mg/L（在培养基灭菌后冷却至 50 ℃时加入）。灭菌前调节 pH 至 5.8。

④ 5% NaClO 溶液。

4. 实验材料

花序刚露白的拟南芥，转基因拟南芥植株，含有目的基因的农杆菌 GV3101。

5. 实验方法与步骤

(1) 培养

① 将拟南芥种子倒入无菌的 1.5 mL 小管中，加入 75% 乙醇 1 mL，处理 1 min，期间上下颠倒小管几次，以保证种子充分接触乙醇。

② 吸去乙醇，用无菌水洗一次，再加入 10% NaClO 溶液表面灭菌处理 5 min，期间上下颠倒小管几次，以保证种子充分接触消毒液。然后吸去 NaClO 溶液，用无菌水冲洗浸泡 3~5 次。（也可将冲洗后的种子连同小管于 4 ℃浸泡数小时或过夜，以利于种子萌发整齐一致）

③ 配制 MS 基本培养基（pH 5.8），灭菌处理后倒入培养皿（20 mL/皿~25 mL/皿）。（注意：培养基应提前准备好，并倒入培养皿备用）

④ 用 1 mL 枪头吸取少许种子平铺于 MS 培养基表面，然后用无菌水尽量将种子分散开。将培养皿置培养室或光照培养箱内萌发生长（22 ℃），无菌苗 8 d~10 d 后即可移栽。

⑤ 将蛭石与营养土按 1∶1 的比例混合并高压灭菌，混匀后装入小盆中。然后，用 1/2 Hoagland 或 1/4 MS 营养液（或自来水）浇透。

⑥ 从培养皿中拔取拟南芥小苗，用镊子夹住幼苗的根尖部，轻轻栽入土中，并用手指将缝隙稍微压实，使移栽的小苗根部完全入土，不要暴露在外。重复上述操作，每盆移栽 20 株或更多。

⑦ 浇少许水分在小盆表面，以润湿植株，避免土表面空隙过大。然后将小盆放入托盘中，将一定量的水浇入托盘中。将小盆盖上薄膜（或透明塑料盘），保湿 2 d 后将覆盖物揭去。

⑧ 将小盆置培养室中光照培养（22 ℃~24 ℃），一般 3 d 左右浇 1 次水，水分不能过多，要保持土壤的通气性。当土壤水分减少到一定程度，表层土差不多完全干燥（可用手触摸感觉已干）时，再重复浇水过程。（注意：千万不能总是让水淹没盘底部，会造成土壤水分过多，通气不良；同时，培养室温度要保持在 25 ℃以下，高温也会造成植株生长不良）

⑨ 拟南芥培养生长至抽薹（bolting）时，及时从基部剪去主茎，以促进侧枝生长，产生更多的花序。侧枝抽薹开花后即可用于转化实验。

(2) 转化（floral-dip 或 vacuum infiltration）

① 从培养皿上挑取农杆菌单菌落，接种在含 50 mg/L Km 的 10 mL YM 液体培养液（pH 7.0）中振荡培养过夜（28 ℃，220 r/min），然后将培养过夜的农杆菌菌液转入含 50 mg/L Km 的 300 mL~500 mL 新鲜 YM 培养基中继续振荡培养至对数生长期（A 值约为 0.6~0.8）。

② 离心（4 500 r/min）20 min 以收集农杆菌，将上清液尽量倒干净，保留沉淀。

③ 配制 400 mL 含 5% 蔗糖的 MS 基本培养液（pH 5.8）或蒸馏水，加 0.02%~0.03% Silwet L-77（即 80 μL~120 μL），混匀（不需要灭菌）。

④ 将农杆菌（沉淀）悬浮在上述 MS 培养液中，混匀，即为浸花液。

⑤ 浸花前一天将拟南芥浇水浇透，以免小盆倒置时营养土掉出。将小盆倒置（或平放 90°操作），让植株花序浸入农杆菌液中 30 s。然后用透明塑料袋套着整个小盆，放置在培养架上 1 d～2 d。取下袋子，正常光照培养。

⑥ 收获种子。将所收获的种子培养在含 50 mg/L Km 的 1/2 MS 固体培养基上，筛选 Km 抗性（转化）植株。

⑦ 继代培养并经过潮霉素筛选至收获 T3 代种子后，进行转基因植株的表型分析。

⑧ 在培养皿里种植 3 个转基因株系，每个株系至少种植 30 颗种子，同时种植野生型拟南芥为对照。光照培养箱 16 h 光照，22 ℃进行培养。

⑨ 7 d～8 d 后，用镊子轻轻将拟南芥种植到营养土∶蛭石＝1∶1 的混合土中，每个小砵种 6 棵，用保鲜膜覆盖，放到育苗室，16 h 光照，21 ℃生长。4 d 后，揭去保鲜膜。

⑩ 拟南芥的表型分析分为两个时期：在培养皿中的垂直生长时期，在土里生长的时期。各个时期的特征见图 18-1 和表 18-1、表 18-2。对转基因植株的表型进行统计并与野生型拟南芥进行比较。

⑪ 对于得到的数据，用 SPSS 统计软件进行统计学分析，得出实验结论。

图 18-1　拟南芥生长的各个时期

A. 0.1 时期，吸胀；B. 0.5 时期，胚根露出；C. 0.7 时期，下胚轴和子叶从种皮中露出；D. 1.0 时期，子叶完全展开；E. 1.02 时期，2 个莲座叶的长度大于 1 mm；F. 1.04 时期，4 个莲座叶的长度大于 1 mm；G. 1.10 时期，10 个莲座叶的长度大于 1 mm；H. 5.10 时期，第一个花可见（箭头所示）；I. 6.00 时期，第一朵花开放；J. 6.50 时期，一半花开放；K. 6.90 时期，所有的花都开放；L. 9.70 时期，衰老，准备收获种子（A～F. 在培养皿中生长时的表型分析；G～L. 在土里生长时的表型分析）

表 18-1　在培养皿中垂直生长时的表型分析

第一时期测定	
测定/疑问	生长时期界定
胚根刚露出/已露出？	0.5 时期
胚轴和子叶是否可见？	0.7 时期
子叶是否完全展开？	1.0 时期
大于 1 mm 的莲座叶数目	最初生长时期 1
长度大于 6 cm 的原初根数目	R6 时期

第二时期测定			Col-0 数据		
测定	单位	生长时期	平均	短日照	CV[a]
莲座叶数目	计数	1.0[b]	3.3	0.5	13.7
原初根长度	mm	1.0[b]	45.2	4.1	9.0
侧根数目	计数	R6[c]	10.5	1.4	13.2
莲座叶：所有展开的叶面积	mm²	R6[c]	22.2	2.6	11.9
莲座叶：周长	mm	R6[c]	42.1	5.2	12.2
莲座叶：半径误差	无	R6[c]	39.2	3.1	7.9
莲座叶：长轴	mm	R6[c]	7.9	0.7	9.1
莲座叶：短轴	mm	R6[c]	5.9	0.6	9.5
莲座叶：变异	无	R6[c]	0.63	0.05	7.2

Col-0：哥伦比亚野生型拟南芥。

a：变异系数，计算方法：（误差/天数）×100。

b：据从 1.0 时期开始计算直到实验结束。

R6：大于 50% 的幼苗的原初根长度大于 6 cm。

C：R6 或者种植后 14 d。

表 18-2　在土里生长时的表型分析

第一时期测定	
测定/疑问	生长时期界定
莲座叶半径	最初生长时期 3
花蕾是否可见？	5.1 时期
第一朵花是否开放？	6.0 时期
茎的长度	6.5 时期[a]
已开放花的数目	最初生长时期 6
变老的花的数目	最初生长时期 6
已充实的角果数目	最初生长时期 6 和 7
已裂开的角果数目	最初生长时期 8
花的产生是否已经结束？	6.9 时期

续表

			第二时期测定		
				Col-0 数据	
测定	单位	生长时期	平均	误差	CV[b]
子叶数	计数	1.04	2.0	0.1	5.0
莲座叶：所有展开的叶面积	mm²	1.10	580.0	202.2	34.9
莲座叶：半径	mm	1.10	418.0	119.1	28.5
莲座叶：半径误差	无	1.10	45.7	3.2	7.0
莲座叶：长轴	mm	1.10	40.4	8.0	19.8
莲座叶：短轴	mm	1.10	34.6	7.5	21.7
莲座叶：变异	无	1.10	0.5	0.1	20.0
莲座叶：所有展开的叶面积	mm²	6.00	3 225.0	1 088.3	33.7
莲座叶：周长	mm	6.00	808.1	181.3	22.4
莲座叶：半径误差	无	6.00	36.7	3.5	9.5
莲座叶：长轴	mm	6.00	82.3	15.3	18.6
莲座叶：短轴	mm	6.00	73.1	13.4	18.3
莲座叶：变异	无	6.00	0.4	0.1	25.0
莲座叶：干重	mg	6.00	117.4	45.9	39.1
主茎上的分支数	计数	6.50	3.4	0.6	17.6
长度大于1 cm 的侧枝	计数	6.50	4.2	1.2	28.6
主茎上第二朵花的花梗长	mm	6.50	11.5	1.6	13.9
相对开放的花的距离	mm	6.50	3.9	0.3	7.7
萼片的长度	mm	6.50	2.2	0.2	9.1
花粉粒：面积	μm²	6.50	589.0	132.0	22.4
花粉粒：周长	μm	6.50	114.5	13.0	11.2
花粉粒：半径误差	无	6.50	9.1	2.5	27.5
花粉粒：长轴	μm	6.50	30.6	3.3	10.8
花粉粒：短轴	μm	6.50	24.3	3.0	12.3
花粉粒：变异	无	6.50	0.6	0.1	16.7
角果：面积	mm²	6.50	10.6	1.9	17.9
角果：周长	mm	6.50	40.9	6.1	14.9
角果：半径误差	mm	6.50	55.8	0.5	0.9
角果：长轴	mm	6.50	17.2	1.7	9.9
角果：短轴	mm	6.50	1.2	0.2	16.7
角果：变异	无	6.50	1.0	0.0	0.0
每个角果的种子数	计数	6.50	29.9	2.8	9.4
每个角果的不正常种子数	计数	6.50	0.2	0.4	200

续表

测定	单位	第二时期测定	Col-0 数据		
		生长时期	平均	误差	CV[b]
茎的干重	mg	6.50	188.8	39.3	20.8
莲座叶干重	mg	6.50	163.7	52.0	31.8
角果总数	计数	6.90	160.4	60.7	37.8
种子：面积	mm^2	9.70	0.14	0.01	7.1
种子：周长	mm	9.70	1.95	0.04	2.1
种子：半径误差	mm	9.70	16.92	0.94	5.6
种子：长轴	mm	9.70	0.53	0.03	5.7
种子：短轴	mm	9.70	0.33	0.02	6.1
种子：变异	无	9.70	0.78	0.02	2.6
每株植物种子干重	mg	9.70	127.9	52.7	41.2

a：用来限定 6.5 时期在工作中的范围。

b：CV，变异系数，计算方法：（误差/天数）×100。

6. 注意事项

（1）选择正确的菌株来侵染拟南芥。

（2）拟南芥的侵染时期很重要，已开放的花不用来做侵染。

（3）进行拟南芥转基因植株表型分析时，掌握各个时期的特点。

7. 参考文献

[1] Detlef Weigel, Jane Glazebrook. Arabidopsis：A Laboratory Manual[M]. New York：Cold Spring Harbor Laboratory Press，2004.

[2] Douglas C Boyes, Adel M Zayed, et al. Growth Stage-Based Phenotypic Analysis of Arabidopsis：A Model for High Throughout Functional Genomics in Plants[J]. The Plant Cell，2001(13)：1499-1510.

[3] Clough S J, Steven J, Bent A F. Floral Dip：A Simplified Method for Agrobacterium-Mediated Transformation of *Arabidopsis Thaliana*[J]. The Plant Journal，1998，16(6)：735-743.

[4] J. 萨姆布鲁克，D.W. 拉塞尔. 分子克隆实验指南[M]. 3 版. 黄培堂等，译. 北京：科学出版社，2002.

[5] 曹仪植主编. 拟南芥[M]. 北京：高等教育出版社，2004.

[6] 张振桢，许煜泉，黄海. 拟南芥——一把打开植物生命奥秘大门的钥匙[J]. 生命科学，2006(18)：442-446.

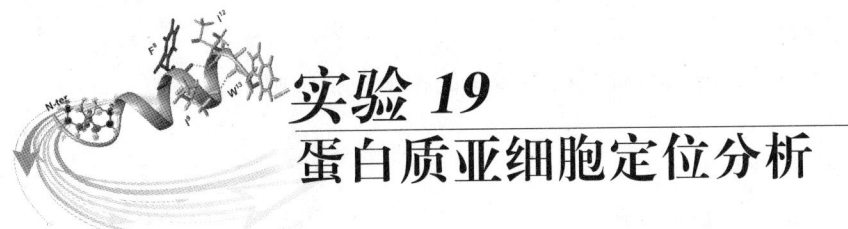

实验 19 蛋白质亚细胞定位分析

1. 实验目的

通过 GFP 融合蛋白荧光定位法分析目的蛋白亚细胞定位。

2. 实验原理

真核细胞由各种亚细胞结构组成,已发现数十种细胞器,每种细胞器都有一组特定的蛋白。真核细胞除叶绿体、线粒体能少量合成蛋白外,绝大部分蛋白是在胞浆或者粗糙内质网合成,最终运输到不同位点,形成成熟蛋白并行使功能。翻译产物中很大一部分是以前体蛋白形式存在,往往有蛋白质分子定位信号,引导蛋白在细胞内定位。蛋白质在细胞内的定位,是分子生物学及功能基因组学研究的中心问题之一。

研究蛋白亚细胞定位可采取多种方法:免疫胶体金标记;免疫荧光;与绿色荧光蛋白(Green Fluorescence Protein, GFP)构建融合基因,用荧光显微镜观察;蔗糖密度梯度离心;多糖序列分析等。本实验即采用 GFP 融合蛋白荧光定位法。

GFP 是在水母中所发现的一种蛋白质。这类学名为 *Aequorea victoria* 的水母有着美丽的外表,生存历史超过 1.6 亿年。GFP 是一种由 238 个氨基酸组成、相对分子质量为 27 000 的单体蛋白。该蛋白受紫外线照射可发出亮绿色的荧光,因而可在活细胞中对其表达和亚细胞水平定位进行检测。该蛋白非常稳定,在经过 1.0% SDS、8 mol/L 尿素甚至 70 ℃ 处理后仍保留其荧光特性。GFP 在经过福尔马林固定的细胞内仍然保持其荧光,这对于进行细胞定位研究具有重要意义。当同其他蛋白进行融合时,GFP 保留其独特的发光性质,并且不干扰目的蛋白的亚细胞水平定位及其生化特性。因而,它代表了一种最为理想的蛋白表达和定位研究的标志物。另外,GFP 蛋白通常高效表达,因为 GFP 片段可保护融合蛋白免受降解。

GFP 不仅无毒,而且不需要借助其他辅酶,自身就能发光,可以让科学家在分子水平上研究活细胞的动态过程。当 GFP 的基因和我们感兴趣的有机体内所拟研究的蛋白质基因相融合时,蛋白质既能保持其原有的活性,GFP 的发光能力也不受影响。通过显微镜观察这种发光的"标签",科学家就能做到对蛋白质的位置、运动、活性以及相互作用等一目了然。在一个活体中有数万种不同的蛋白质,这些蛋白质精细地控制着重要的化学进程。如果蛋白机制发生故障,通常就会发生疾病。GFP 可帮助科学家研究这类机制,这就是为什么 GFP 成为生物科学极其重要的工具。在它的帮助下,科学家还能对各种细胞的命运了如指掌。

应用 DNA 亚克隆技术,将目的基因与 GFP 基因构成融合基因,通过愈伤组织转化、基因枪、显微注射、电转化等方法转化合适的细胞,利用目的基因的基因表达调控机制,如启动子和信号序列来控制融合基因的表达,在荧光显微观察系统下监测融合蛋白在细胞内的存在状态、分布与变化。

GFP 在蛋白质研究中有众多优点:

(1) 灵敏度高,易检测并且是活体检测,对细胞组织不具破坏性;

(2) 在活体内表达不受生物类型、基因型、细胞和组织类型的限制;

(3)不需任何底物和外源辅因子参与；

(4)便于早期筛选转基因材料。

本实验以转基因拟南芥为材料分析目标蛋白在转基因拟南芥根细胞中的定位。

3. 实验仪器和试剂

(1)仪器：荧光显微镜。

(2)试剂：磷酸缓冲液。

4. 实验材料

转基因拟南芥。

5. 实验方法与步骤

(1)将编码蛋白基因与GFP基因融合表达载体转入农杆菌GV3101。

(2)通过浸花法转化拟南芥，将获得的T_1代转基因种子在抗性培养基中萌发，筛选阳性转基因植株。

(3)在载玻片上加1滴磷酸缓冲液，截取萌发4 d～5 d大小的拟南芥小苗幼根置于磷酸缓冲液中，盖上盖玻片在荧光显微镜下观察GFP在根细胞中的荧光分布。

6. 注意事项

(1)在构建目的基因与GFP基因融合表达载体时，目的基因可以构建于GFP基因的上游，也可以构建于GFP基因的下游。当目的基因构建于GFP基因的上游时，要去掉目的基因的终止密码子；当目的基因构建于GFP基因的下游时，要去掉GFP基因的终止密码子。

(2)转基因拟南芥进行蛋白亚细胞定位分析时，主要观察没有色素的拟南芥根部细胞荧光分布。

(3)在进行荧光观察时，不能让材料长时间处于GFP激发光照射下，防止荧光淬灭。

7. 参考文献

[1] Baird G S, Zacharias D A, Tsien R Y. Circular Permutation and Receptor Insertion within Green Fluorescent Proteins[J]. Proc Natl Acad Sci USA, 1999(20): 11241-11246.

[2] Heim R, Cubitt A B, Tsien R Y. Improved Green Fluorescence[J]. Nature, 1995(373): 663-664.

[3] 罗文新, 夏宁邵. 绿色荧光蛋白——发现、表达和发展[J]. 生物物理学报, 2008, 24(6): 422-429.

8. 科学史话

1960年，下村修(Osamu Shimomura)加入了普林斯顿大学Frank Johnson的实验室，研究维多利亚多管水母的发光机制。1962年，下村修从维多利亚多管水母的发光器官内发现天然绿色荧光蛋白。下村修对GFP的发现，包括GFP的纯化及其理化性质的鉴定，以及在各种条件下的荧光发射和激发光谱，作出了首要贡献。GFP之所以能够发光，是因在其包含的238个氨基酸的序列中，第65至第67个氨基酸(丝氨酸—酪氨酸—甘氨酸)残基可自发地形成一种荧光发色团。当蛋白质链折叠时，这段被深埋在蛋白质内部的氨基酸片段得以"亲密接触"，导致经环化形成咪唑酮，并发生脱水反应。但此时还不能发射荧光，只有当有分子氧存在的条件下，发生氧化脱氢，方能导致GFP发色团的"成熟",形成可发射荧光的形式。

1992 年,道格拉斯·普瑞舍克隆出完整的由 238 个氨基酸编码的 GFP 基因。可惜的是,普瑞舍没有进一步尝试把该基因引入其他生物体内。将 GFP 表达到其他有选择的有机体这项工作,具有重大的生物学意义。这就涉及马丁·查尔菲(Martin Chalfie)的工作了。马丁·查尔菲所从事的研究是有关小线虫神经细胞的发展。当查尔菲第一次听说 GFP 时,他十分激动地从利用分子遗传学方法来研究线虫问题,转移到将 GFP 与有机体中蛋白质基因相融合的工作,并先后在两种小线虫中得到表达,即 GFP 在不同的有机体中显示出亮绿色的荧光,因此确认了 GFP 可作为一种通用的基因标志,而应用于各种有机体中。接着,他还得到了 GFP 在有机体内的不同部位和不同时间发展下的表达结果。1994 年 2 月初查尔菲及其合作者把这些研究结果发表在《科学》杂志上,并引起轰动。

GFP 的荧光形式不仅可用以表达小线虫、果蝇等,对哺乳动物的细胞也适用,从而使定量研究活细胞的动态过程成为可能。查尔菲等人的工作向人们展示出,GFP 作为一种通用的基因标志,在生物研究中有着无限的潜力。而钱永健(Roger Y. Tsien)的贡献在于发明了多色荧光蛋白标记技术,为细胞生物学和神经生物学发展带来一场革命。

由于在 GFP 发现及应用领域的杰出贡献,三位科学家,美国 Woods Hole 海洋生物学实验室的下村修、哥伦比亚大学的马丁·查尔菲和加州大学圣地亚哥分校的钱永健(见图 19-1)分享了 2008 年诺贝尔化学奖。

下村修
(Osamu Shimomura)

马丁·查尔菲
(Martin Chalfie)

钱永健
(Roger Y. Tsien)

图 19-1 2008 年诺贝尔化学奖获得者

实验 20
酵母单杂交技术验证 DNA 与蛋白质的相互作用

1. 实验目的

(1) 了解酵母单杂交的基本原理和程序；
(2) 学习如何利用酵母单杂交技术验证 DNA 与蛋白质的相互作用。

2. 实验原理

酵母单杂交技术是在酵母体内分析 DNA 与细胞内蛋白质相互作用的一种方法，通过对酵母体内诱饵 DNA 下游所携带的报告基因表达情况的分析，来鉴定该 DNA 片段是否可以与靶蛋白相互作用。目前，该技术通常有以下三种用途：①确定已知 DNA 与蛋白质之间是否存在相互作用；②分离与目的顺势作用元件结合的蛋白；③定位已知蛋白与 DNA 相互作用的结构域及精确定位 DNA 与蛋白相互作用的位点。其基本原理如图 20-1 所示。

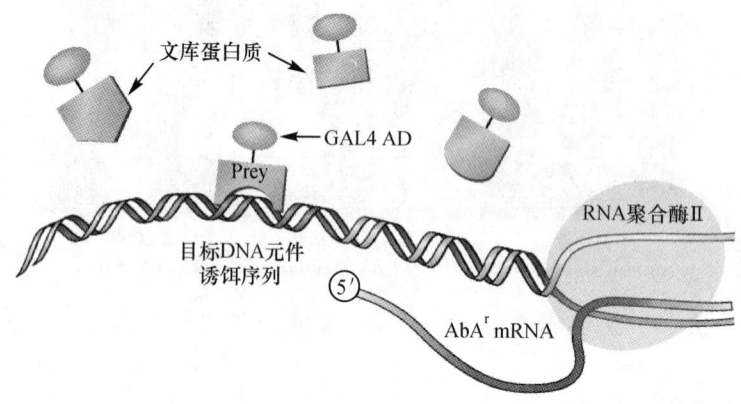

图 20-1　酵母单杂交技术基本原理示意图

酵母单杂交系统包括宿主菌、捕获质粒和诱饵—效应质粒，捕获质粒中含有一个酵母体内的转录因子——GAL4 的转录激活区(activation domain, AD)，此载体用于构建各种基因与 AD 的融合表达载体，在酵母中表达目标蛋白与 GAL4 蛋白 AD 区的融合蛋白。诱饵—效应质粒上含有编码效应蛋白(抗 AbA)的基因，此载体用于构建目标 DNA 与抗 AbA 基因的融合载体。在诱饵—效应质粒上还有可以与宿主酵母染色体发生同源重组的位点，使其能通过同源重组的方式整合到宿主的染色体上。在进行酵母单杂交实验时，先用诱饵—效应质粒转化 Y1HGold，再将捕获质粒转化已经重组有诱饵—效应质粒的宿主菌。若目标蛋白能够结合目标 DNA 序列的话，AD 就可以激活下游基因及 AbA 抗性基因的表达，该菌株就可以在含有 AbA 的培养基上生长；反之则不能。因此，通过 AbA 抗性筛选即可检测蛋白质与 DNA 的相互作用。

3. 实验仪器和试剂

(1) 仪器：1.5 mL eppendorf 管、50 mL 离心管、培养皿、微量移液器、恒温水浴锅、离心机、分光光度计。

(2) 试剂：限制性内切酶 BstB I 或 Bbs I、YPDA、SD/-Ura、SD/-Leu、Aureobasidin A(AbA) resistance、去离子水、1 mol/L LiAc(10×)、10×TE buffer (0.1 mol/L Tris-HCl, 10 mol/L EDTA, pH 7.5)、50% PEG 3350、100% DMSO。以上所有药品除 DMSO 和 PEG 3350 外均需经高压蒸汽灭菌，PEG 3350 另需经过滤除菌。

4. 实验材料

Y1HGold 酵母菌株、pAbAi 质粒、pGADT7 质粒。

5. 实验方法与步骤

(1) 诱饵—报告基因质粒和捕获质粒的构建

将需要检测的目的基因定向插入到 pAbAi 质粒中构建 pBait-AbAi 质粒为诱饵质粒，将编码目的蛋白的 cDNA 定向插入到 pGADT7 质粒中构建为捕获质粒。

(2) 含 pBait-AbAi 质粒的宿主酵母细胞株的准备

① pBait-AbAi 质粒的线性化处理。

A. 根据插入片段选择用 BstB I 或 Bbs I 对 pBait-AbAi 质粒进行酶切，酶切体系按其说明书进行，所反应的质粒至少不少于 2 μg。

B. 取 5 μL 酶切产物进行琼脂糖凝胶电泳，以未进行酶切的质粒为对照，检测酶切是否完成。

② 酵母感受态细胞的制备。

A. 将在 −80 ℃ 冻存的 Y1HGold 酵母菌株在 YPDA 固体培养基上划线，倒置，于 30 ℃ 培养约 3 d。(此平板可放于 4 ℃ 保存，1 个月内酵母菌株活性不会发生明显下降)

B. 挑取菌斑直径为 2 mm～3 mm 的克隆，接种于 3 mL YPDA 液体培养基中，于 30 ℃ 摇床中 230 r/min 振荡培养 8 h～12 h。

C. 转接 5 μL 菌液至 50 mL 新鲜的 YPDA 液体培养基中，于 30 ℃ 摇床中继续以 230 r/min 转速培养至 A_{600} 为 0.15～0.3 (大约需 12 h～20 h)。

D. 将菌液在室温下以 700 g 离心力离心 5 min，弃上清，并重悬于 100 mL 新鲜的 YPDA 液体培养基中，继续以上述条件培养至 A_{600} 达到 0.4～0.5 (大约需 3 h～5 h)。

E. 将菌液在室温下以 700 g 离心力离心 5 min，弃上清，菌体用 60 mL 去离子水悬浮。

F. 将悬浮液在室温下以 700 g 离心力离心 5 min，弃上清，菌体用 3 mL 1.1×TE/LiAc 溶液悬浮。

G. 将重悬物分装到 2 个无菌 eppendorf 管中，以最大离心力离心 15 s，弃上清，菌体用 600 μL 1.1×TE/LiAc 溶液重悬。

③ pBait-AbAi 质粒转化酵母感受态细胞。

A. 将鲑鱼精 DNA 沸水浴 5 min，后迅速置于冰上冷却备用。

B. 在 1.5 mL eppendorf 管中依次加入：1 μg 已线性化的 pBait-AbAi 质粒 DNA、10 μL 鲑鱼精 DNA(10 μg/μL)、50 μL 感受态细胞及 500 μL PEG/LiAc，充分混匀。

C. 将感受态细胞置于 30 ℃ 水浴锅中孵育 30 min，其间每 10 min 上下颠倒混匀一次。

D. 在感受态细胞中加入 20 μL DMSO，混匀后置于 42 ℃ 水浴锅中孵育 15 min，其间每 5 min 上下颠倒混匀一次。

E. 将已转化处理的酵母细胞以最大离心力离心 15 s，弃上清并重悬于 1 mL 的 2×YPDA 培养基中恢复培养。

F. 酵母细胞恢复培养在 30 ℃ 摇床中以 230 r/min 进行 90 min。

G. 将恢复培养的酵母菌液以最大离心力离心 15 s，弃上清并重悬于 1 mL 无菌 0.9% NaCl 溶液中。

H. 取 100 μL 酵母重悬液涂布于 SD/-Ura 平板上，30 ℃培养 3 d 后出现转化子。（同时，将不含目的片段的 pAbAi 质粒转入酵母作为阴性对照，将 p53-AbAi 质粒转入酵母作为阳性对照）

④ 转化子的检测。

挑取 5 个生长状态较好的菌落，用 Matchmaker Insert Check PCR Mix 1 进行 PCR 检测，以未经转化的 Y1HGold 菌落作为阴性对照，检测的 PCR 条带大小应等于插入片段大小加上 1.35 kb。

(3) 确定抑制诱饵酵母生长所需的最低 Aureobasidin A(AbA)的浓度

① 挑选一个较大、生长状态较好的 pBait-AbAi 质粒转化子和阳性对照转化子，分别悬浮于 0.9% NaCl 溶液中，并调整其浓度为每 100 μL 悬浮液中含 20 个细胞（此时 A_{600} 约为 0.002）。

② 将每份悬浮液取 100 μL 分别涂布到以下 4 种平板上：SD/-Ura、含 100 ng/mL AbA 的 SD/-Ura、含 150 ng/mL AbA 的 SD/-Ura、含 200 ng/mL AbA 的 SD/-Ura。倒置，30 ℃培养 2 d～3 d。

③ 检测菌落生长情况，按照表 20-1 判定所需 AbA 浓度，刚刚抑制住酵母生长的 AbA 浓度即为最低抑制浓度。

表 20-1　AbA 浓度对应菌落生长情况

AbA 浓度(ng/mL)	菌落总数	
	Y1HGold[p53-AbAi]	Y1HGold[pBait-AbAi]
0	约 2 000 个	约 2 000 个
100	无	由插入基因决定
150	无	由插入基因决定
200	无	由插入基因决定

如果 200 ng/mL 的 AbA 也无法抑制住含 pBait-AbAi 转化子的生长，也可以逐步将浓度提高到 500 ng/mL～1 000 ng/mL；如果 1 000 ng/mL 的 AbA 也不能抑制住含 pBait-AbAi 转化子的生长，则该段 DNA 不适合用酵母单杂交的方式去验证其相互作用的蛋白质。

(4) 酵母单杂交筛选

① 将捕获质粒转入已整合 pBait-AbAi 的 Y1HGold 菌株中，转化产物涂布于 SD/-Leu 平皿上，培养 3 d 左右，各挑取 5 个菌落进行 PCR 检测。

② 将检测的阳性菌落在含最低抑制浓度 AbA 的 SD/-Leu 平皿上划线，检测其是否存在 AbA 抗性，从而判定目的蛋白与 DNA 片段是否发生相互作用。以同时转入 pGADT7-p53 和 pAbAi-p53 的酵母菌株作为阳性对照，以转入 pGADT7 空载体及 pBait-AbAi 的酵母菌株作为阴性对照。

6. 注意事项

(1) 注意 AbA 浓度会因不同的 DNA 片段而有所差异，所以必须在筛选前做好相应的 AbA 浓度检测。

(2) 酵母转化时，菌液的浓度很重要，一定使其 A_{600} 在 0.3～0.5 之间，否则转化效率会发生大幅度下降。

7. 参考文献

[1] 马守东，洪源，成军. 酵母单杂交技术的原理及应用[J]. 世界华人消化杂志，2004，11(4)：450-451.

[2] 王琪，朱延明，王东东. 酵母单杂交系统在植物基因工程研究中的应用[J]. 北京林业大学学报，2008，30(1)：141-147.

[3] Yeast protocols handbook[DB/OL]. www.clontech.com.

[4] Matchmaker gold yeast one-hybrid library screening system[DB/OL]. www.clontech.com.

[5] Yeastmaker yeast transformation system 2 user manual[DB/OL]. www.clontech.com.

实验 21 酵母双杂交系统

1. 实验目的

(1) 了解用于酵母双杂交技术的原理与方法；
(2) 熟悉酵母的细胞培养与转化；
(3) 学习相互作用蛋白质的筛选与鉴定。

2. 实验原理

酵母双杂交技术的产生和应用得益于对真核生物转录因子结构和功能的研究。GAL4 是一种酵母转录因子，该蛋白包含两个在结构上彼此分离但是功能上相互依赖的结构域，分别是位于 N 末端 1-174 位氨基酸残基区域的 DNA 结合结构域（DNA binding domain，DNA-BD）和位于 C 末端 768-881 位氨基酸残基区域的转录激活结构域（Activation domain，AD）。DNA-BD 的功能是识别 GAL4 效应基因的上游激活序列（Upstream activating sequence，UAS）并与之结合，但单独存在时并不能激活下游基因的表达；而 AD 则能够与转录机构中的其他成分相结合，启动 UAS 下游基因的转录，但单独存在时却不能与 UAS 相结合。因此这两个结构域单独分别作用都不能启动下游基因的表达，而当两者在空间上充分接近时，则可以呈现出完整的 GAL4 转录因子的活性，与 UAS 相结合并启动其下游基因的转录。在酵母双杂交系统中，通过人为地将 GAL4 的 DNA-BD 和 AD 两个结构域分开，将编码 DNA-BD 结构域的编码序列与已知诱饵蛋白的编码序列构建于同一个载体上，而将编码 AD 结构域的序列与 cDNA 文库基因构建在另一个载体上。然后将上述两种载体转化改造过的酵母细胞，这种改造过的酵母基因组中既不能产生 GAL4 转录因子，也不能合成 Leu，Trp，His 及 Ade，因此未转化的酵母细胞在相应的营养缺陷培养基上都不能正常生长，而当上述两种载体转入酵母细胞并且其编码蛋白发生相互作用时，则导致被人为分开的 DNA-BD 和 AD 在空间上充分接近而恢复 GAL4 转录因子的活性，从而启动报告基因 ADE2，HIS3，lacZ，MEL1 的表达，通过鉴定报告基因的表达则可以筛选出发生相互作用的阳性克隆，进而分离文库质粒，得到互作蛋白的编码序列。如图 21-1 所示。

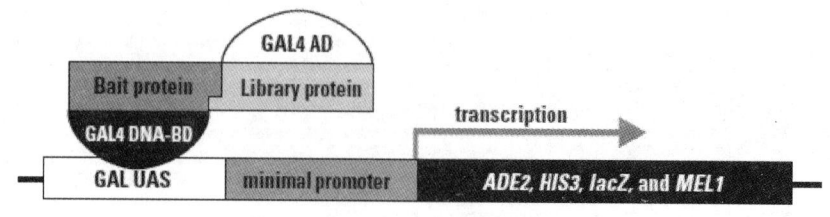

图 21-1 酵母双杂交原理

3. 实验仪器和试剂

(1) 仪器：酒精灯、超净工作台、涂布棒、载玻片、盖玻片、培养皿、显微镜、水浴锅、摇床、

PCR仪、离心机等。

(2) 试剂：各种营养缺陷型培养基。

4. 实验材料

酵母双杂交cDNA文库，克隆有诱饵蛋白编码序列的诱饵质粒。

5. 实验方法与步骤

(1) 酵母感受态细胞的制备

① 从新鲜平板上挑取直径为2 mm～3 mm的酵母菌落接种于3 mL YPDA培养基中，30 ℃，230 r/min培养8 h。

② 从上述培养物中取5 μL接种于50 mL新鲜的YPDA液体培养基中。30 ℃，230 r/min培养16 h～20 h，至A_{600}达到0.15～0.3。

③ 室温，700g，离心5 min，弃上清，将细胞重悬于100 mL新鲜的YPDA液体培养基中，30 ℃，230 r/min培养3 h～5 h，至A_{600}达到0.4～0.5。

④ 室温，700g，离心5 min，弃上清，将细胞重悬于60 mL去离子水中。

⑤ 室温，700g，离心5 min，弃上清，将细胞重悬于3 mL 1.1×TE/LiAc溶液中。

⑥ 将细胞重悬物分装到2个无菌eppendorf管中，高速离心15 s。

⑦ 弃上清，将细胞重悬于600 μL 1.1×TE/LiAc溶液中。

(2) 质粒转化酵母感受态细胞

① 将鲑鱼精DNA在沸水中加热5 min后置于冰上，重复此步骤一次。

② 在1.5 mL eppendorf管中依次加入质粒DNA 100ng、鲑鱼精DNA 5 μL、感受态细胞50 μL以及PEG/LiAc溶液500 μL，充分混匀。

③ 30 ℃孵育30 min，每10 min混匀一次。

④ 加入20 μL DMSO，混匀后42 ℃热激15 min，每5 min一次。

⑤ 高速离心15 s，弃上清，将细胞重悬于500 μL YPDA培养基中。

⑥ 30 ℃振荡培养90 min。

⑦ 高速离心15 s，弃上清，收集细胞。

⑧ 将细胞重悬于500 μL无菌0.9% NaCl溶液中。

⑨ 将100 μL细胞涂布于SD/-Trp平板上，30 ℃培养3 d～5 d至克隆出现。

(3) 自激活检测

将构建好的pGBKT7-Gh14-3-3载体分别转化到酵母菌株AH109和Y187中，并经PCR检测阳性克隆。将在SD/-Trp平板上生长的AH109阳性转化子分别划线于SD/-Trp/-His平板和SD/-Trp/-Ade平板，在以上两种平板上均能生长则说明诱饵蛋白具有自激活效应，若在SD/-Trp/-His平板上有少量菌落生长而在SD/-Trp/-Ade平板上不能生长则说明存在一定程度的His泄露，可以通过添加3-AT消除His背景来进行酵母双杂交筛选，若在以上两种平板上均不能生长则说明诱饵蛋白不具有自激活效应；同时将在SD/-Trp平板上生长的Y187阳性转化子进行显色反应检测lacZ报告基因是否被激活表达，具体操作步骤如下：在100 mm培养皿中用5 mL Z buffer/X-gal溶液浸透一张无菌滤纸，挑取新鲜培养的酵母单菌落至另一张无菌滤纸上。将滤纸放入液氮中冷冻15 s后置于室温下融化，重复此步骤两次。小心将滤纸放到浸湿的滤纸上，克隆面向上，中间不要产生气泡，盖上盖子，置于30 ℃培养箱中温育，8 h内菌落出现蓝色的为阳性，大于8 h后出现蓝色的为假阳性，阳性说明诱饵蛋白具有自激活效应，阴性则说明诱饵蛋白不具有自激活效应。如图21-2所示。

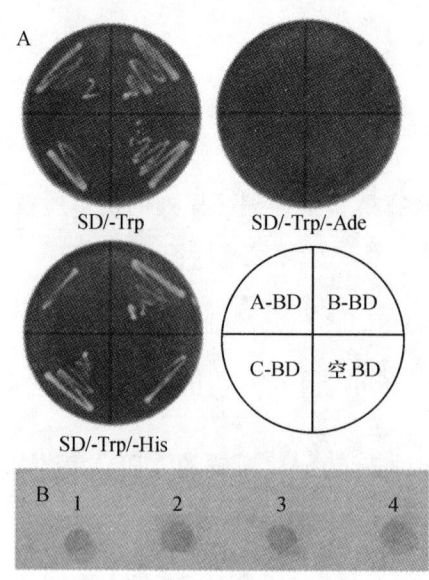

图 21-2 自激活检测

(4) 毒性检测

将 pGBKT7 及 pGBKT7-Gh14-3-3 载体分别转化酵母菌株 Y187 并经 PCR 鉴定阳性克隆,分别挑取转化了空载体 pGBKT7 及 pGBKT7-Gh14-3-3 的阳性克隆,接种于 50 mL 含有 20 mg/L Km 的 SD/-Trp 液体培养基中,30 ℃,220 r/min 振荡培养 16 h~24 h,比较两者的 A_{600} 值。接入空载体的菌液 A_{600} 应大于 0.8;接入 pGBKT7-Gh14-3-3 的阳性克隆的菌液 A_{600} 若小于 0.8 则说明诱饵蛋白对酵母细胞有毒性,影响酵母生长,若 A_{600} 大于 0.8 则说明诱饵蛋白对酵母细胞无毒性,可用于酵母双杂交系统筛选互作蛋白。将接入 pGBKT7-Gh14-3-3 的阳性克隆的菌液用 600 g 离心力,20 ℃,离心 5 min,弃上清,收集菌体并重悬于 5 mL SD/-Trp 液体培养基中,取 5 μL 菌液用于镜检,若细胞密度大于 1×10^9/mL,则可用于酵母结合筛选互作蛋白。

(5) 诱饵宿主细胞与文库宿主细胞的接合

① 室温下水浴融化 1 mL ($\geqslant 2 \times 10^7$ 个细胞) AH109 文库菌。

② 将 5 mL 诱饵菌 Y187 ($\geqslant 1 \times 10^9$ 个细胞) 及 1 mL AH109 文库菌混合于一个 2L 的无菌玻璃烧瓶中。

③ 加入 45 mL 2×YPDA/Km (50 μg/mL),轻轻旋转。

④ 用 1 mL 2×YPDA/Km (50 μg/mL) 清洗文库管后加入 2L 烧瓶中,重复一次。

⑤ 30 ℃,30 r/min~50 r/min 振荡培养 20 h~24 h。

⑥ 培养 20 h 后取出培养物在显微镜下观察,若出现二倍体细胞则继续培养 4 h。

⑦ 1 000g,离心 10 min,同时用 50 mL 0.5×YPDA/Km (50 μg/mL) 清洗 2L 烧瓶,重复一次。

⑧ 合并上述洗液并重悬离心收集的细胞。

⑨ 1 000g,离心 10 min,用 10 mL 0.5×YPDA/Km (50 μg/mL) 重悬细胞。

(6) 筛选互作阳性克隆

① 将酵母接合混合物涂布于 SD/-Trp/-Leu/-Ade/-His 平板上,每板 200 μL。

② 30 ℃ 下倒置培养 5 d~8 d 至克隆出现。

(7) 接合效率的测定

① 按 1:10 000,1:1 000,1:100 及 1:10 的比例稀释酵母接合重悬物,分别取 100 μL 涂布于 SD/-Leu,SD/-Trp 和 SD/-Leu/-Trp 平板上。

② 30 ℃ 培养 3 d~5 d 至克隆出现,计算平板上的菌落数,计算接合效率:

$$\text{cfu(mL) of diploids/cfu(mL) of limiting partner} \times 100 = \% \text{ Diploid}$$

[cfu(mL) of diploids 代表在 SD/-Leu/-Trp 平板上生长的酵母，cfu(mL) of limiting partner 代表在 SD/-Leu 平板上生长的酵母]

(8) 酵母二倍体阳性克隆的选择（如图 21-3 所示）

① 将酵母接合筛选中生长的克隆划线于 SD/-Trp/-Leu/-Ade/-His 平板上，30 ℃培养 3 d～8 d，重复划线 3～4 次，挑选能够继续生长且生长状态良好的克隆用于进一步分析。

② 将上述营养缺陷筛选的阳性克隆进行显色反应以检测 lacZ 报告基因的表达，显色反应中呈阳性的克隆为阳性克隆；显色反应中呈阴性的为假阳性克隆，舍弃。

③ 挑选阳性克隆制备甘油菌，于 −70 ℃长期保存。

图 21-3　阳性克隆筛选

(9) 阳性克隆酵母质粒的提取

将经营养缺陷筛选和显色反应鉴定的阳性克隆接种至 SD/-Leu/-Trp 液体培养基中，30 ℃，230 r/min 振荡培养 24 h。按照酵母质粒小量提取试剂盒说明书操作提取酵母质粒，备用。

(10) 阳性文库质粒的分离

取 5 μL 提取的阳性克隆酵母质粒转化大肠杆菌感受态细胞，转化产物涂布于含 Amp 的 LB 选择培养基上筛选文库质粒，随机挑取 2 个克隆，接种于含 Amp 的 LB 液体培养基中，提取质粒备用。感受态制备及转化方法见步骤(1)、(2)。

(11) 阳性克隆插入 cDNA 片段大小鉴定及测序

用 pGADT7-Rec 重组位点两端的测序引物 AD T7 和 3′AD，对上述步骤中提取的阳性文库质粒进行 PCR 扩增（如图 21-4 所示），扩增条件如下：

dd H_2O	10.5 μL
10×Taq buffer	1.5 μL
0.1% BSA	0.6 μL
dNTP mixture (2.5 mmol/L)	0.6 μL
AD T7 (10 μmol/L)	0.5 μL
3′AD (10 μmol/L)	0.5 μL
Taq	0.3 μL
阳性克隆文库质粒	0.5 μL
Total	15.0 μL

将阳性克隆文库质粒送到上海桑尼公司测序。

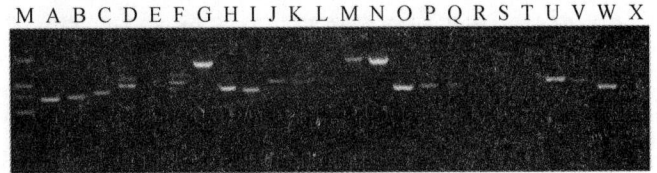

图 21-4　PCR 检测阳性克隆文库质粒插入片段

(12) 回转验证相互作用

将筛选得到的阳性文库质粒(同时以 pGADT7 空载体作为阴性对照)及诱饵质粒(同时以 pGBKT7 空载体作为阴性对照)重新转化酵母菌株 AH109 和 Y187，分别涂布于 SD/-Leu 和 SD/-Trp 平板上，30 ℃培养至克隆长出。分别挑取 PCR 检测为阳性的 AH109 和 Y187 转化子混合接种于 2×YPDA 液体培养基中，于 30 ℃，40 r/min 培养 24 h，将结合产物涂布于 SD/-Leu/-Trp 平板上，30 ℃生长 3 d 至克隆长出后分别挑取 2 个克隆划线于 SD/-Trp/-Leu/-His/-Ade 平板上，确定诱饵蛋白与靶蛋白之间的相互作用。

(13) 阳性克隆的分析

将测序得到的序列在 NCBI 上进行 Blast 分析，确定文库质粒的同源序列并将互作蛋白进行分类。

6. 注意事项

(1) 注意筛选过程的严格无菌操作。

(2) 注意阳性克隆的挑选及多次筛选。

7. 参考文献

[1] 李向阳等. 酵母双杂交系统在蛋白质相互作用中的应用[J]. 中兽医医药杂志，2011(1).

[2] 李铁强等. 酵母双杂交系统研究进展[J]. 生物信息学，2008(1).

[3] 郭英慧等. 棉花锌指蛋白 GhZFP1 相互作用蛋白的酵母双杂交筛选[J]. 中国生物化学与分子生物学报，2010(5).

[4] 李先昆等. 酵母双杂交技术研究与应用进展[J]. 安徽农业科学，2009(7).

[5] BD Matchmaker™ Library Construction & Screening Kits User Manual[DB/OL]. www.bdbiosciences.com.

8. 科学史话

酵母双杂交技术于 1989 年由 Stanley 和 Song 提出，该技术可以用于研究两个已知蛋白之间的相互作用以及分离与已知蛋白相互作用的蛋白质的编码基因。酵母双杂交系统被广泛应用于蛋白质间相互作用的研究，该方法相比其他方法具有的显著优势在于：首先，酵母双杂交系统具有较高的敏感性，可用于检测存在于蛋白之间的微弱或者暂时的相互作用；其次，酵母双杂交系统具有较好的真实性，能够在一定程度上代表细胞内的真实情况；第三，酵母双杂交系统具有简洁性，不需要进行蛋白表达及纯化等繁琐的步骤；第四，酵母双杂交系统还具有广泛性，即可以根据实验需要采用不同的组织、器官、细胞类型和处于不同分化时期的材料构建用于筛选的 cDNA 文库，并能够用于分析不同亚细胞部位和功能的蛋白质之间的相互作用。

然而酵母双杂交系统也具有一定的局限性，因此其应用也在一定程度上受到限制。首先，该方法难以用于分析转录因子参与的相互作用，容易出现假阳性；其次，酵母双杂交系统难以分析需要复杂的翻译后修饰的蛋白质间的相互作用；第三，该系统不适合分析某些对酵母细胞具有毒性的蛋白质间的相互作用；第四，酵母双杂交系统会出现一定几率的假阳性。

近年来，随着酵母双杂交系统的广泛应用，其方法也在不断改进，逐步发展了灵敏性和特异性更好的实验方法。例如，1993 年提出的酵母单杂交系统，适用于研究 DNA 与蛋白质之间的相互作用；1996 年提出了酵母三杂交系统，用于研究需要第三个蛋白介导的蛋白质相互作用的研究；此外，核外酵母双杂交系统还可有效改善传统酵母双杂交系统出现假阳性的问题。可见，酵母双杂交系统的发展和应用对蛋白质相互作用以及蛋白质与 DNA 相互作用的研究具有重要的意义。

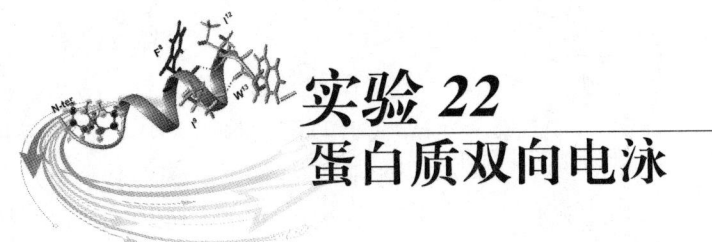

实验 22 蛋白质双向电泳

1. 实验目的

(1) 了解双向电泳原理及其相关知识;
(2) 熟悉双向电泳实验流程,并掌握相关实验操作;
(3) 学习分析双向电泳中可能遇到的问题。

2. 实验原理

双向电泳依赖于蛋白质分子的两种性质:等电点与分子量。

在第一向的等电聚焦(isoelectric focusing,IEF)中,由于蛋白质具有两性解离和等电点特性,当蛋白质样品在 pH 梯度介质(目前常使用商业化的预制胶条 immobilized pH gradient,IPG)上进行电泳时,会根据其所带电荷向电极方向移动。移动过程中,蛋白质分子所带的电荷数与迁移速度会发生改变,当蛋白质迁移至其等电点 pH 位置时,其所带净电荷数为零,在电场中不再移动;当蛋白质扩散到低于其等电点 pH 区域时,带正电荷,在电场的影响下重新向阴极移动;同样,如果蛋白质扩散到高于其等电点 pH 区域时,则带负电荷,在电场的作用下会向阳极移动。不同的蛋白质最终将会依据其不同的等电点在不同 pH 区域聚焦,完成第一向的等电聚焦。

在完成第一向的等电聚焦后,IPG 胶条在含有 SDS 的平衡液中进行平衡,SDS 进入胶条与蛋白质结合,然后进行第二向的 SDS-PAGE,使得蛋白质依据其相对分子质量来进行分离。在最终获得的电泳图中,每个蛋白点都具有不同的等电点或相对分子质量,从而能够在一张电泳图中同时分离展示出成千上万种蛋白质。如图 22-1 所示。

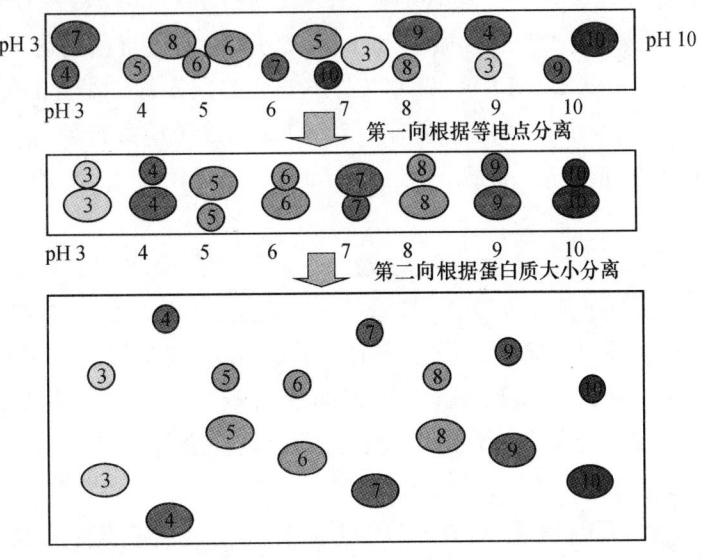

图 22-1 蛋白质双向电泳

3. 实验仪器和试剂

(1) 仪器：等电聚焦仪(以 IPGphor 为例)、垂直 SDS-PAGE 电泳仪、振荡仪、镊子。

(2) 试剂：水化液(8 mol/L 尿素，2%CHAPS，15 mmol/L DTT 和 0.5%IPG 缓冲液)、矿物油、平衡液(0.05 mol/L pH 8.8 Tris-HCl，6 mol/L 尿素，30% W/V 甘油，2% W/V SDS)、碘乙酰胺、溴酚蓝、丙烯酰胺/甲叉丙烯酰胺溶液(30.8%T，2.6%C)、分离胶缓冲液(1.5 mol/L pH 8.6 Tris-HCl，0.4% W/V SDS)、10% W/V 过硫酸铵、缓冲液饱和的异丁醇、0.5% W/V 低熔点琼脂糖溶液等。

4. 实验材料

收取棉花纤维(其他材料亦可)，按照 TCA-丙酮法结合酚抽提提取蛋白质(不同材料蛋白提取方案不同)，经裂解液(7 mol/L 尿素，2 mol/L 硫脲，4%CHAPS，40 mmol/L Tris-Base，40 mmol/L DTT，2% Pharmalyte，pH 3~10)溶解蛋白，测定蛋白样品浓度，−80 ℃保存备用。

5. 实验方法与步骤

(1) IPG 胶条水化：取适量蛋白样品与水化液混匀后转移到胶条槽中(蛋白样品量与水化液体积依据胶条不同而有所差异，具体可依据胶条使用说明书)，剥去胶条的保护膜，胶面向下，将胶条放入加有样品的胶条槽，慢慢压下胶条，避免产生气泡，使水化液浸湿整个胶条，在胶条上覆盖适量矿物油，盖上盖子，水化过夜(也可采用其他水化方式，具体设置可参考等电聚焦仪及胶条说明书)。

(2) IPG 胶条等电聚焦：将水化好的 IPG 胶条转移到等电聚集仪聚焦槽中，胶面向上，在胶条表面覆盖适量矿物油，取 2 个 IEF 电极片，用去离子水浸湿并去除多余的水，将电极片放在 IPG 胶条两端，分别将 2 个电极压在 2 个电极片的边缘，盖上盖子，设定 IPGphor 仪器运行参数，开始等电聚焦(不同公司的聚焦仪操作不同，需根据仪器说明书来进行，聚焦程序也需根据聚焦仪及胶条说明书来设定)。

(3) IPG 胶条的平衡：在完成第一向的等电聚焦后，可将胶条于−80 ℃保存，也可直接进行胶条的平衡。平衡时将胶条放入玻璃管中，加入平衡液 1(0.05 mol/L pH 8.8 Tris-HCl，6 mol/L 尿素，30% 甘油，2% SDS，10 mg/mL DTT)，振荡 15 min，DTT 会打破蛋白内与蛋白间的二硫键；然后将胶条移到装有平衡液 2(0.05 mol/L pH 8.8 Tris-HCl，6 mol/L 尿素，30% 甘油，2% SDS，25 mg/mL 碘乙酰胺)的玻璃管中，振荡 15 min，碘乙酰胺对 DTT 打破的二硫键进行修饰，避免重新形成二硫键。在平衡过程中，平衡液中的 SDS 进入胶条与蛋白质结合。也可用 TBP 代替 DTT 与碘乙酰胺进行一步平衡。

(4) IPG 胶条的转移及第二向电泳：平衡完成后，用去离子水润洗胶条，并用滤纸去除多余的平衡液。将胶条放在预先制备好的第二向 PAGE 胶的玻璃板之间，使胶条的支持膜面贴在其中的一块玻璃板，将胶条轻轻地向下推到与第二向胶面接触，确保 IPG 胶条与第二向胶面间没有气泡。然后用琼脂糖密封液进行封顶，固定 IPG 胶条。待封顶的琼脂糖凝固后，将转到第二向电泳装置进行电泳，电泳时为避免点拖尾与损失高相对分子质量蛋白，应缓慢进行(<10 V/cm)。电泳前可在胶条边缘加入标准相对分子质量蛋白。

(5) 2D 胶染色：当溴酚蓝迁移到胶的底部边缘时，停止电泳，将跑好的胶转移到染色盒，准备染色。染色方式很多，以考马斯亮蓝染色与银染最为常用，考马斯亮蓝染色操作简单，但灵敏度不如银染。染色及脱色完毕后扫描 2D 胶，保存图片以便做后续的图像分析。如图 22-2 所示。

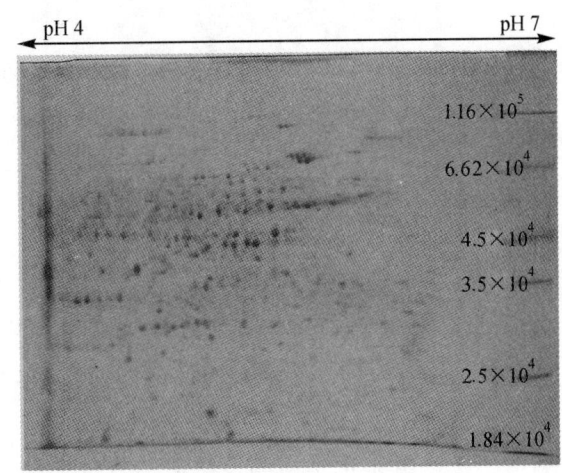

图 22-2　棉花 8DPA 纤维蛋白 13 cm 胶条双向电泳图

6．注意事项

(1) 胶条水化时要注意避免气泡的产生，胶条水化泡涨要充分。

(2) 等电聚焦时注意电压不能过高，避免烧胶。

7．参考文献

[1] Smithies O, Poulik M D. Two-dimensional Electrophoresis of Serum Proteins[J]. Nature, 1956(177)：1033.

[2] Margolis J, Kenrick K G. Two-dimensional Resolution of Plasma Proteins by Combination of Polyac-rylamide Disc and Gradient Gel Electrophoresis[J]. Nature, 1969(221)：1056-1057.

[3] O'Farrell P H. High Resolution Two-dimensional Electrophoresis of Proteins[J]. J Biol Chem, 1975(250)：4007-4021.

[4] Scheele G A. Two-dimensional Gel Analysis of Soluble Proteins[J]. J Biol Chem, 1975(250)：5375-5385.

[5] 双向电泳实验手册[S]. Amersham Biosciences.

8．科学史话

细胞内的蛋白质因为结构不同、修饰不同而具有多样性，这种蛋白质的多样性还会受到其他多种因素的影响，因此细胞内的蛋白质是相当复杂并不断变化的。而蛋白质在细胞和生物体的整个生命活动中都发挥着重要的作用，因此，蛋白质成了并也将继续成为生物学研究的热点。而双向电泳（two-dimensional gel electrophoresis，2-DE）技术从发明至今一直是研究蛋白组学时非常有效的一种技术。

双向凝胶电泳的思路最早是由 Smithies 和 Poulik 提出的，蛋白质第一向电泳是根据其自由溶液迁移率，在滤纸条上进行；第二向电泳方向与第一向垂直，在淀粉胶上进行。随着电泳技术的发展，双向电泳的支持介质逐渐转向聚丙烯酰胺凝胶。1969 年，2D PAGE 在原理上又有了新的发展，以第一向为蛋白质等电聚焦的双向凝胶电泳技术建立起来(IEF-PAGE)。随后在 20 世纪 70 年代初，在第二向电泳中又使用了十二烷基磺酸钠（SDS），使得第二向电泳中蛋白质基本上能依据相对分子质量来进行分离，从而奠定了现代双向电泳的基础。1975 年，O'Farrell、Klose 和 Scheele 分别对双向凝胶电泳做了进一步的优化，建立了高分辨率的双向凝胶电泳。

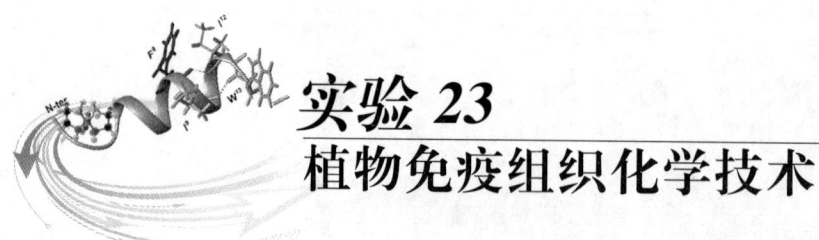

实验 23
植物免疫组织化学技术

1. 实验目的

(1) 了解蛋白质的组织及亚细胞定位；
(2) 学习植物组织切片的制备、免疫组织化学检测及结果的分析和判断。

2. 实验原理

免疫组织化学又称免疫细胞化学，是利用抗原与抗体结合的特点，用标记的特异性抗体对组织内抗原的分布进行原位定位、定性及定量的一种技术，具有敏感性强、操作简便、定位准确、清晰可见等优点，因此在生命科学研究中得到了广泛应用。按照示踪物的不同，该技术可分为免疫荧光组化技术、免疫酶组化技术和免疫胶体金(银)或胶体铁技术。

直接免疫荧光法又称直接法，是最简便、快速的方法，用已知特异性抗体与荧光素结合，制成特异性荧光抗体，直接用于细胞或组织抗原的检测，该方法特异性高，但一种荧光抗体只能检测一种抗原，灵敏性较差。随后，在此基础上又逐渐发展出了间接法。间接法是直接法的重要改进，先用特异性抗体(一抗)与细胞或组织标本反应，随后用缓冲盐水洗去未结合抗体，再用间接荧光抗体(二抗)与结合在抗原上的抗体结合，形成抗原—抗体—荧光抗体的复合物。此法灵敏性高，且只需要制备一种标记抗体就可以用于多种一抗标记的识别及检测。

免疫酶组织化学技术基本原理与免疫荧光技术相同，不同的是所用抗体为酶标抗体。以酶为示踪物，根据酶与底物间产生的可溶性或不可溶性颜色产物，从而可借助光镜或电镜观察细胞及亚细胞水平的抗原或抗体的分布。此类免疫组化技术具有对显微镜要求低、定位准确、对比度好、染色标本能长期保存、可复染便于与形态学相结合、显色反应易分辨、可进行双重或多重染色等优点，因而已经成为目前最常用的免疫组化方法。

随着免疫组织化学的广泛应用，逐渐发展出了以胶体金为标记物的免疫组织化学技术。胶体金可作为探针进行细胞表面和细胞内多糖、蛋白质、多肽、激素等生物大分子的精确定位。免疫金组织化学方法是目前最为敏感的免疫组化方法之一。

免疫组织化学的基本技术方法主要包括抗体和组织材料的准备、免疫组化标记前的处理、免疫标记、标记检测、显色剂的选择、对照的设计、结果的观察和分析等。抗体是免疫组化的关键试剂和示踪工具，可分为特异性一抗和标记性二抗，其中特异性一抗的质粒更为关键。选择抗体时，要选择可以用于免疫组化级别的抗体。若为研究或证实一种新的抗原成分需要自己制备抗体时，最好选择多克隆抗体，这样可以避免某些对固定液敏感的抗原决定簇空间结构位点改变后无法被相应抗体结合的情况。免疫荧光组织化学可以不需要显色剂，完成后直接用荧光显微镜观察即可。免疫酶组织化学则在免疫反应后需通过一定的化学反应将无色底物转变为可见的物质，以便在显微镜下观察。显色后，还需要将其他组织进行复染以显示完整的组织形态，以便于观察、判断。在复染剂的选择上，要选择与免疫组化信号反差较大的复染剂。

3. 实验仪器和试剂

(1) 仪器：青霉素瓶、真空抽气泵、恒温箱、桑皮纸、蜡杯、电磁炉、切片机、展片台、白纸、焊刀、台木、经多聚赖氨酸处理的载玻片、盖玻片、蜡勺、单面刀片、毛笔、塑料盒、湿盒（在带盖的塑料盒四角各放一瓶水）、玻片架、染色缸。

(2) 试剂：0.1 mol/L磷酸缓冲液（pH 7.2）、4%多聚甲醛固定液（用磷酸缓冲液配制）、无水乙醇、去离子水、二甲苯、氯仿、切片石蜡、PBS溶液（pH 7.4）、0.1 mol/L氯化铵溶液（用PBS配制）、BSA、一抗（家兔抗血清）、二抗、正常山羊血清、DAB显色试剂盒、改良型苏木素、树胶。

4. 实验材料

棉花各时期花药。

5. 实验方法与步骤

(1) 固定：选择花蕾长度大于3 mm的棉花花蕾，从中分离出花药，置于青霉素瓶中，加入冰冷的4%多聚甲醛固定液。真空抽气30 min后，更换新鲜的固定液，固定液体积约为材料体积的10～15倍。材料固定在4 ℃下进行。

(2) 漂洗：6 h后，去掉固定液，用磷酸缓冲液清洗材料2次，每次10 min。

(3) 脱水：将材料在纯水、8级乙醇溶液（10%、30%、50%、70%、80%、90%、95%、100%）中脱水处理，每级试剂中放置30 min，其中100%乙醇中需脱水3次，每1 h更换一次。

(4) 透明：尽量倾去所有乙醇溶液，将材料分别在1∶3、1∶1、3∶1的二甲苯∶酒精三级透明液中渗透，每级放置时间为30 min。之后将材料移入9∶1的二甲苯∶氯仿中透明，其间每小时更换一次新的透明液，共更换3次。

(5) 浸蜡：将材料连同透明液置于37 ℃加热，然后向透明液中逐渐加入碎石蜡直至不溶，材料放在37 ℃过夜。将桑皮纸折成纸袋，并用铅笔或中性笔在纸袋上写上材料编号。轻轻摇动玻璃瓶使材料悬浮于透明液中，然后迅速倾倒在桑皮纸袋中，封口，浸入已融化并于42 ℃恒温预热的蜡杯1中，置于42 ℃恒温箱中渗透2 h。取出桑皮纸袋，尽量滴干液体，然后迅速浸入已融化并于50 ℃恒温预热的蜡杯2中，置于50 ℃恒温箱中渗透2 h。取出桑皮纸袋，尽量滴干液体，然后迅速浸入已融化并于58 ℃恒温预热的纯石蜡蜡杯中，置于58 ℃恒温箱中渗透3 h，其间每小时要更换一次纯石蜡及蜡杯。

(6) 包埋：用光滑、有一定硬度的白纸，折叠成一定大小的纸盒，并用铅笔或中性笔在纸盒底部写上材料编号。将包埋石蜡在电磁炉上熔蜡，熔好后的石蜡冷却到60 ℃～65 ℃。用蜡勺将蜡盛于纸盒中，将桑皮纸袋从蜡杯中取出，滴干液体，放入纸盒中撕开，使材料落入盒中，按要求摆好位置，静置。等石蜡凝固后，剥去盒纸，放入已编号的密封袋中，于4 ℃冰箱中保存备用。

(7) 修蜡：将包埋好的蜡块分割成不超过1cm×1cm的小块（1份材料一小块）。再将每小块材料用单面刀片修整齐，形成下大上小的梯形，每个样品四周留约2 mm的蜡边，修整后的蜡块要求上下边平行。

(8) 固着：将修好的蜡块用焊刀固定于台木上，进一步修整蜡块，并将切面表面石蜡小心削去，露出样品。

(9) 切片：将台木装在切片机的样品固定器上，固定好。调节切片刀的角度为15°左右，固定好。调节切片厚度，一般为8 μm。调节蜡块和刀口的距离至蜡块刚刚接触到刀口，固定刀架。打开切片机上的停刀闸，右手匀速连续顺时针转动手轮柄，切下的蜡片将连成蜡带。左手执毛笔，待蜡带有一定长度时,将蜡带轻轻抬起,边转边移动蜡带。待蜡带约 20 cm 长时,将其从刀口拨下展于干净白纸上,光滑面向下。

(10)展片:将去离子水盛于约 30cm×20cm 的塑料盒中,一起放在 40 ℃ 展片台上,将蜡带切为 3cm 长的片段,轻轻展开在水面上。待到蜡带完全展开后,用经多聚赖氨酸处理过的玻片轻轻捞起蜡带,置于展片台上烤干,再置于 37 ℃ 烘箱中过夜。

(11)脱蜡:将玻片依次放入玻片架中,再将玻片架放入二甲苯中 15 min~30 min,溶去石蜡,然后依次置于 1∶1 的二甲苯∶乙醇溶液中 10 min~20 min,乙醇中 10 min。脱蜡完毕后,将玻片置于空气中自然干燥。

(12)复水:将玻片转入染色缸中依次加入各级乙醇溶液(100%、90%、70%、50%、30%、10%),最后加入去离子水,在每级试剂中停留 1 min,其中 100% 乙醇中需重复一次,去离子水中重复 3 次。

(13)免疫标记:

①在染色缸中加入 0.1 mol/L 氯化铵溶液,停留 5 min 以去掉自由基。

②倒掉氯化铵溶液,加入 PBS 清洗材料 5 min。

③取出玻片,平放在湿盒中,在玻片上滴加含 5% 正常山羊血清的 PBS 封闭非特异性结合位点 1 h。每片载玻片上滴加 200 μL。

④取出玻片,在滤纸上略倾斜,倒去多余的封闭液后放回湿盒。在含 5%BSA 的 PBS 中按一定稀释比例加入一抗,将反应液滴加到玻片上(每片 200 μL),盖上湿盒盖子,常温反应 2 h。

⑤取出玻片,倾去反应液,放回染色缸,加入含 0.1%BSA 的 PBS 清洗 3 次,每次 5 min。

⑥倒去⑤中清洗液,向染色缸中加入含 1%BSA 的 PBS 清洗材料 5 min。

⑦倒去⑥中清洗液,向染色缸中用 PBS 清洗 3 次,每次 5 min。

⑧再次将玻片放入湿盒,在含 5%BSA 的 PBS 中按一定稀释比例加入二抗(每片 200 μL),盖上湿盒盖子,常温反应 1 h。

⑨倾去反应液,将玻片放回染色缸,用 PBS 清洗材料 3 次,每次 5 min。

(14)检测:从染色缸中取出玻片,平放在实验台上。在玻片上滴加 DAB 显色液,反应时间约 1 min~5 min。显色完毕后用自来水轻轻冲去显色液,终止显色反应。

(15)复染:甩去样品上的自来水,将玻片平放在实验台上,在玻片上滴加改良型苏木素以覆盖整个切片(约 200 μL),复染 30 s 至 3 min。然后用自来水冲掉复染液,将玻片放回染色缸,加入去离子水浸泡切片 3 min~5 min,使细胞核返蓝。

(16)封片:将复染后的玻片放入玻片架中,在常温空气中自然干燥。待材料完全干燥后,在玻片上滴加 2~3 滴树胶溶液。用镊子夹住盖玻片的一侧,将另一侧接触树胶溶液,轻轻放下,使树胶均匀分布在盖玻片与载玻片之间。最后将封藏好的玻片平放在干燥的盒子中,置于 37 ℃ 温箱中烤片。待树胶烤干后即可观察。如果材料不需永久保存,可在复染后的玻片上滴加几滴 PBS,直接盖上盖玻片进行观察。

6. 注意事项

(1)真空抽气、放气过程需缓慢进行,否则会导致材料变形。

(2)固定时间不能太长,尤其不能过夜。

(3)脱水必须充分,否则在透明步骤中材料会雾化,无法完成透明。

(4)浸蜡过程中要随时关注蜡杯,保证蜡杯中蜡没有发生凝固。

(5)包埋时动作要迅速,不要使蜡盒中石蜡凝固。

(6) 熔蜡时人不能离开，若出现冒烟情况，不要打开杯盖，要及时切断电源。

(7) 包埋时各级石蜡温度都不宜过高，以免损伤材料。

(8) 注意包埋材料的位置、方向、间距，要有利于切割和分离。

(9) 包埋石蜡未冷却前不要移动蜡盒，以免材料移动。

(10) 修蜡过程中要小心，防止破坏材料。

(11) 切片时要随时注意关好停刀闸，更换蜡块时也要先关停刀闸。

(12) 切片过程中不要对着蜡带讲话，要关闭电扇，保证空调出风方向不对着蜡带，以免蜡带被吹散。

(13) 展片温度不能过高，防止蜡带熔化。

(14) 免疫标记反应全程玻片不得出现干燥情况。

(15) 免疫标记需设置阴性和阳性对照，阴性对照常用一抗同源动物未免疫正常血清取代一抗，其他各步骤不变，结果应为阴性。阳性对照常用已证实含靶抗原的标本片与待检测片同时做同样处理，或用已证实待检测片其他抗原的抗体取代一抗，其他各步骤不变，结果应为阳性。

7. 参考文献

[1] 粟娜，黄虎. 免疫组织化学染色质控及常见问题分析[J]. 中国组织化学与细胞化学杂志，2009，18(1)：115-116.

[2] 万安. 免疫组织化学染色过程中出现问题及对策[J]. 科技信息，2008(27)：217-318.

[3] 倪灿荣，马大烈，戴益民主编. 免疫组织化学实验技术及应用[M]. 北京：化学工业出版社，2006.

[4] 李和平主编. 植物显微技术[M]. 2版. 北京：科学出版社，2009.

8. 科学史话

免疫组化技术是由著名的微生物专家Coons创建的。1941年，Coons首先用荧光素标记抗体检测肺组织内的肺炎双球杆菌获得了成功，标志着免疫组织化学技术的建立。近年来，随着激光技术、显微技术的发展与众多光效稳定荧光素的研发，使得该项技术检测灵敏度更高且逐步发展为定量免疫荧光技术。

由于免疫荧光组织化学技术需要荧光显微镜，且染色标本无法长期保存，因此人们开始寻求其他标记物替代荧光素。1967年，Nakane将辣根过氧化物酶(HRP)标记在抗体免疫球蛋白分子上，制成了第一个酶标抗体，从而创建了免疫酶组织化学的技术。此后，此项方法迅速发展开来。1970年，Sternberger利用酶免疫学原理，建立了非标记抗体免疫过氧化物酶法，即PAP复合法。1975年，Vaeca等又在此基础上建立了双PAP法，此方法进一步放大抗原，提高了PAP法的敏感性。随后，Mason及Moir等在1983年建立了碱性磷酸酶抗碱性酸性磷酸酶(APAAP)复合物法。此后，人们又逐渐建立了更为敏感的生物素—亲和素—碱性磷酸酶复合物(ABC-AP)法、S-P碱性磷酸酶法、EnVision碱性磷酸酶法及PowerVision(AKP)法等。

1971年，Fauld和Taylor用胶体金标记沙门菌抗血清检测细菌表面抗原，在电镜下可以看见细菌抗原—抗体结合部位上的胶体金颗粒。这项研究成功地为免疫金技术的发展奠定了基础，也使得免疫组织化学技术从光镜水平发展到了电镜水平。

实验 24
人群中 PTC 味盲基因频率的分析

1. 实验目的

(1) 学会人类群体遗传调查的基本方法，了解人类中的部分遗传性状；

(2) 通过对人群中 PTC 尝味能力的检测及相关基因频率的分析，加深对群体遗传学中遗传平衡定律的认识，了解改变群体平衡的因素及作用。

2. 实验原理

味觉是指食物在人的口腔内对味觉器官化学感受系统的刺激并产生的一种感觉。从味觉的生理角度分类，人只有四种基本味觉：酸、甜、苦、咸，它们是食物直接刺激味蕾产生的。人对咸味的感觉最快，对苦味的感觉最慢，但就人对味觉的敏感性来讲，苦味比其他味觉都敏感，更容易被觉察。味觉经面神经、舌神经和迷走神经的轴突进入脑干后终于孤束核，更换神经元，再经丘脑到达岛盖部的味觉区。苯硫脲(phenylthiocarbamide, PTC)是一种人工合成化合物，呈白色结晶，无毒无副作用，1931 年 Fox 首先发现某些人对 PTC 有苦味感而某些人则无苦味感，从而将人类分为 PTC 尝味者与 PTC 味盲者。这种尝味能力是由一对等位基因(T-t)所决定的遗传性状，其中 T 对 t 为不完全显性，按照孟德尔方式遗传。正常尝味者的基因型为 TT，能尝出 1/750 000 mol/L 直至 1/6 000 000 mol/L PTC 溶液的苦味；具有 Tt 基因型的人尝味能力较低，只能尝出 1/48 000 mol/L 直至 1/380 000 mol/L PTC 溶液的苦味；而基因型为 tt 的人只能尝出 1/24 000 mol/L 以上浓度 PTC 溶液的苦味。个别人甚至对 PTC 结晶也尝不出苦味来，这类个体在遗传上称为 PTC 味盲。人类对 PTC 的尝味能力是群体遗传学研究的经典指标，此后，不少国家的科研工作者对其进行了更深入的研究。包括 PTC 尝味与某些疾病，如甲状腺肿、糖尿病、青光眼、呆小病、慢性消化溃疡、抑郁症，乃至某些癌症等关系的研究，以及不同民族、不同年龄及不同性别的人对 PTC 尝味能力差异的研究。

将 PTC 配制成各种浓度的溶液，由低浓度到高浓度逐步测试人群的尝味能力，由此可区分出味盲(隐性纯合体)、高度敏感(显性纯合体)和介于二者之间的人(杂合体)。据此可对人群中味盲基因的频率进行分析。PTC 味盲基因的测定与分析不仅在人类群体遗传学、人类民族学方面有其科学价值，在医学领域，国内外许多学者进行的 PTC 味盲基因的测定，对于研究双生、亲子鉴定、PTC 尝味的敏感性与某些疾病的遗传相关等有着重要的应用价值，例如 PTC 味盲者更易患结节性甲状腺肿，先天愚型患者中的 PTC 味盲率较正常人群高得多，而食管癌、胃癌等患者中的味盲者较少，近年来西欧等国学者还利用 PTC 等位基因进行味觉实验以研究原发性青光眼的遗传病因。这些方面的深入研究对标记遗传学以及遗传病的控制具有非常重要的意义。

3. 实验仪器和试剂

(1) 仪器：天平、容量瓶、洁净滴瓶、滴管。

(2) 试剂：各种浓度的苯硫脲溶液。配制方法如下：

称取 PTC 结晶 1.3 g，用蒸馏水制成 0.13% 的 1 号原液，置原液于 1 000 mL 容量瓶在 60 ℃水浴中1h充分溶解，然后将其中500 mL倒入一个干净的500 mL容量瓶中成为1号液；将倒出500 mL原液的容量瓶中再加入蒸馏水至1 000 mL，充分混合，再将500 mL倒入另一干净的500 mL容量瓶中作为2号液；这样用容量瓶依次倍比稀释，共配制14种浓度(mol/L)的溶液，依次分别为1∶750、1∶1 500、1∶3 000、1∶6 000、1∶12 000、1∶24 000、1∶48 000、1∶96 000、1∶192 000、1∶384 000、1∶768 000、1∶1 536 000、1∶3 072 000、1∶6 144 000(第1~14号)。分别装入洁净滴瓶中。

4. 实验材料

选择本院系男生和女生各若干人或者某一随机人群。

5. 实验方法与步骤

本实验采用阈值法测定，每人按浓度由低到高依次尝味，记录自己的基因型。

(1)测试时，让受试者正坐，仰头张口伸舌，用滴管滴4~6滴14号液于受试者舌根部，让受试者徐徐咽下品味，然后用蒸馏水做同样的试验。

(2)询问受试者能否鉴别此两种溶液的味道。若不能鉴别或鉴别不准，则依次用13号、12号溶液重复试验，直到能明确鉴别出PTC的苦味为止。

(3)当受试者鉴别出某一号溶液时，应当用此号溶液与蒸馏水交替测试，重复3次，3次结果相同时才可采信。记录受试者第一次尝到苦味时的浓度等级号，并将此液定为其尝味阈值。如果受试者直到1号液仍尝不出苦味，则其尝味浓度等级定为<1号。

(4)尝味能力在1~6号间的为tt基因型，在7~10号间的为Tt基因型，在11~14号间的为TT基因型，对各种基因型的人数进行统计。

(5)以6号液作为味盲和尝味者的界限，尝味阈值≤6号液者为味盲，分别统计味盲者和尝味者人数。

6. 注意事项

(1)测试味觉的顺序应从低浓度到高浓度依次进行，每换不同号溶液时要用蒸馏水漱口。在测定时应将PTC溶液与蒸馏水反复交替给受试者尝味，以免由于受试者的臆意猜测及其心理作用而影响结果的准确性。

(2)给受试者滴液时应悬空加样，不要碰到受试者，避免交叉感染。

7. 参考文献

[1]杜若甫. 中国人群体遗传学[M]. 北京：科学出版社，2004.

[2]徐玖瑾，毛钟荣，李绍武，等. 中国不同民族中苯硫脲味盲基因频率的研究[J]. 遗传学报，1982，9(4)：308-314.

[3]孙晓东，卫荣华，王燕，等. 湖北汉族的苯硫脲(PTC)味盲基因频率调查研究[J]. 生物学通报，2009，44(6)：15-16.

[4]秦桢，高倩，王转斌，等. 苯硫脲味盲基因型与蔬菜嗜好性关系分析[J]. 山东师范大学学报，2007，22(2)：106-108.

[5]张贵友等编著. 普通遗传学实验指导[M]. 北京：清华大学出版社，2003.

8. 科学史话

世界不同民族与地区的PTC味盲率与隐性基因频率有很大差异，世界上味盲率最高值在印度，为 52.8%；英国、德国等人群味盲率在 30% 左右；最低的是印第安人，仅有 1.25%，有的甚至为 0；而中国人的味盲率则在 7.27%～10.13%。根据中国人群体遗传学对我国不同民族 PTC 味盲率及隐性基因频率的分析，我国不同民族味盲基因频率有明显差异，同一民族在不同地区的味盲基因频率也有明显差异。味盲基因在我国分布有明显规律，即华南地区味盲基因频率最低，而西北地区尤其是新疆北部地区的味盲基因频率最高，其差异幅度相当大。

PTC 味盲基因是人类苦味受体基因 T2R 家族的一个成员，科学家已将它定位在人类 7 号染色体的一个小区域上，人类对 PTC 苦味的品尝能力是由个体的基因型所决定的。研究发现这个遗传学特征与人类的饮食习惯具有一定的关系，可能对人类的健康有重要影响。美国科学家最近发现，味觉差异在美国人中十分普遍，而辨别苦味的能力主要由遗传基因决定，大约有 30% 的美国人不能辨别苯硫脲（PTC）的味道，而其余约 70% 的人则能辨别它的味道，认为苯硫脲苦。德国 Duffy 等人研究发现，某些人体内的苦味受体基因 HTAS2R38 发生了变异，这使得他们对苦味化合物 PTC 和苦味素 6-N-丙基硫尿嘧啶（PROP）的敏感程度与其他人不同。我国有研究表明，人的 PTC 味觉基因型对人的苦涩蔬菜味觉能力有明显的影响，不同基因型人群的体重/身高比值不存在明显差。TT 基因型受体对苦涩味最敏感，tt 基因型受体对苦涩味最不敏感，Tt 基因型受体介于两者之间。对 PTC 苦味越敏感的人对甘蓝、菠菜、苦瓜、苦菊、生菜等苦涩味越敏感；随着个体对 PTC 苦味敏感程度的减弱，他们对甘蓝、菠菜、苦瓜、苦菊、生菜等苦涩味的感觉程度也减弱。其中个别 TT 基因型的个体成为非敏感型，其阈值的提高可能与饮食习惯有关。不同的 PTC 味觉基因型对不同的食物有不同的受体，从而产生不同的饮食喜好，这对于指导普通人群的饮食具有一定的参考价值。

实验 25 植物有性杂交技术

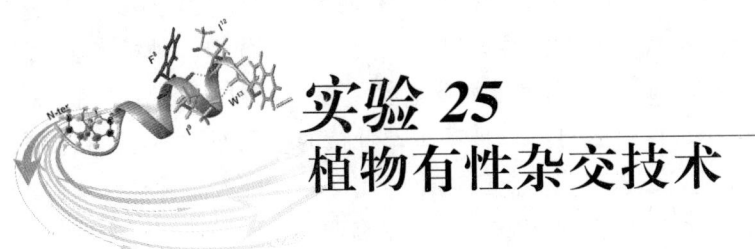

1. 实验目的

(1) 理解植物有性杂交的原理；
(2) 了解小麦或水稻的花器构造、开花习性、授粉、受精等有性杂交基础知识；
(3) 掌握小麦或水稻有性杂交技术。

2. 实验原理

杂交技术是遗传分析最基本的实验方法。杂交(hybridization；cross)是指利用不同基因型的个体之间交配，获得双亲基因重新组合的个体的方法。分子水平则是指互补的核苷酸序列通过沃森—克里克碱基配对而形成稳定的双链体。

通过将雌雄性细胞结合的有性杂交方式，利用基因重组可以综合双亲性状、基因互作可以产生新性状、基因累加可以产生超亲性状，从中选择出最需要的基因型，进而创造出对人类有利的新品种。

由于划分依据的不同，植物的有性杂交方式可分为多种类型。如根据亲本配置的方式分为单交、复交和回交：①单交是指两个不同品系(亲本)进行一次杂交，用 A×B 表示，其杂种后代称为单交种。单交由于简单易行、经济，在生产上得到广泛应用，一般主要是利用杂种第一代。②复交是指两个以上的亲本进行两次或两次以上的杂交，如果单交不能实现育种所期待的性状要求时，往往采用复合杂交，其目的在于创造一些具有丰富遗传基础的杂种原始群体，这样才可能从中选出更优秀的个体。复合杂交可分为三交、双交和聚合杂交等。三交是一个单交种与另一品种的再杂交，可表示为(A×B)×C。双交是两个不同的单交种的杂交，可表示为(A×B)×(C×D)或(A×C)×(B×C)。聚合杂交是指通过一系列杂交将多个亲本品种的优良基因聚合在一起。现在随着人类对新品种的要求越来越高，单交已很难满足需要，所以复交应用较多，尤其是聚合杂交。③回交即杂交后代继续与其亲本之一再杂交，以加强杂种世代某一亲本性状的育种方法，用(A×B)×B 表示。如果想把品种 A 的一个或几个经济性状引入品种 B 中去，即可采用这样的回交方法。

杂交育种(cross-breeding；cross breeding；hybridize breeding；crossbreeding)指不同种群、不同基因型个体间进行杂交，并在其杂种后代中通过选择而育成纯合品种的方法。是否能正确选择亲本并予以合理组配是杂交育种成败的关键。

根据遗传原则，将杂交育种分为组合育种和超亲育种两类。组合育种是指将双亲控制不同性状的优良基因随机结合，通过定向选择，育成集双亲优良性状于一体的新品种。超亲育种是指将双亲控制同一性状的不同微效基因积累于同一杂种个体中，形成在该性状上超过亲本的类型。组合育种涉及性状的遗传方式简单，鉴别比较容易。超亲育种涉及的性状多为数量性状，受微效多基因控制，鉴别比较困难。

在我国，杂交育种程序一般包括以下环节：①原始材料圃。种植国内外种质资源，进行初步观察研究，以便选取可供利用的杂交亲本。②亲本圃。种植杂交亲本，为便利操作，一般采用宽行距点播，按性状归类种植，花期不同的材料要分期播种，以利杂交。③选种圃。种植各世代杂种材料，按预定的杂种后代处理方法进行选择。如采用系谱法则要点播，以利选株。④鉴定圃。对选种圃升级的优良株系材料初步参加鉴定试验，材料数目多，种子少，种植的小区面积小，所得数据仅是初步结果，一般进行1年~2年。⑤产量比较试验。经鉴定圃选出的优良品系进入品种预备试验或品种比较试验，供试品种数较少，小区面积增大，比较其性状优劣、产量高低、品质好坏。一般进行2年~3年，需有一定的试验设计，按规格种植。这时可以择优同时进行多点试验及生产试验，并注意做好种子繁殖工作。⑥区域试验。种植在品比试验中选出的产量高、品质优、综合性状好的少数纯合品种。通过多年多点的国家级或省级区域试验后即可报送进行品种审定。杂交育种一般需7年~9年时间才可能育成优良品种，现代育种都采取加速世代的做法，结合多点试验、稀播繁殖等措施，尽可能缩短育种年限。

杂种优势(heterosis)是指两个性状不同的亲本杂交产生的杂种F_1代在生长势、生活力、繁殖力、抗逆性、产量和品质方面优于双亲的现象，是生物界普遍存在的现象。

3. 实验仪器和试剂

(1)仪器：镊子、眼科手术剪刀、硫酸钠透明纸袋、回形针、铅笔、小挂牌(白色，大小为3 cm×4 cm)、脱脂棉球、100 mL试剂瓶。

(2)试剂：70%酒精。

4. 实验材料

普通小麦品种3~4个或水稻品种3~4个。

5. 实验方法与步骤

(1)熟悉小麦花器构造和开花习性：小麦为禾本科(Gramineae)，小麦属(*Tritcum*)的自花授粉作物，复穗状花序(如图25-1所示)，穗轴由许多短节片组成，节上着生小穗(如图25-2所示)。小穗基部着生2个护颖和3~9朵小花，第一、二朵花发育较好，小麦上部的花有些往往不结实。每朵小花有内、外颖各1个，雄蕊3个，雌蕊1个(如图25-3所示)。在子房下方靠外颖的一侧，有2个鳞片。开花时吸水膨胀，呈圆球水滴状，使内、外颖张开。雄蕊由花丝、花药两部分组成，花药两裂(如图25-4所示)。花粉粒光滑呈球形，扁圆形或卵圆形。各类小麦花粉粒直径大小有差别，普通小麦花粉粒直径为61 μm~65 μm，一粒小麦37 μm~45 μm，二粒小麦48 μm。花粉粒由两层细胞膜组成，外层为角质层体，内层为纤维质体，中间具有原生质体及2个细胞核。

 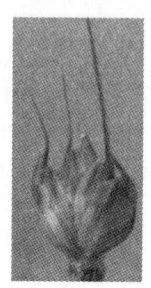

图25-1 小麦的复穗状花序　　图25-2 小麦的一个小穗

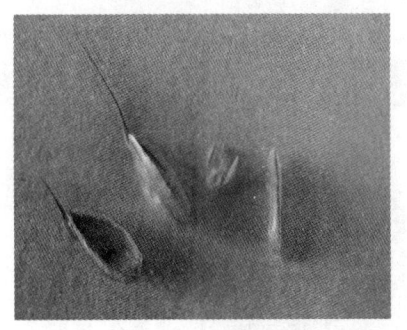

图 25-3 从左到右依次为护颖、外颖、雌雄蕊和内颖

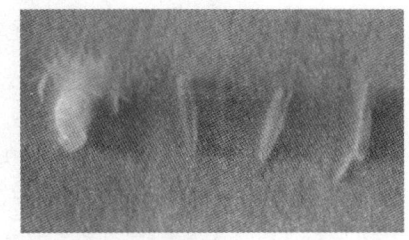

图 25-4 一朵小花中的一个羽状分枝的柱头和 3 枚花药

在正常条件下，小麦抽穗后 2 d~4 d 开始开花。最适温度为 18 ℃~20 ℃，最适相对湿度为 70%~80%。一般每天有 2 次开花高峰，即上午 9：00—11：00，下午 15：00—17：00。一个麦穗中上部小穗先开花，而后由上向下依次开放；小穗中基部小花先开花，而后依次向上开放。每朵小花内、外颖自开放至闭合约需 15 min~30 min，全穗开花持续 3 d~5 d。少数品种闭颖授粉。自然条件下，小麦花粉生活力可维持 20 min 左右，柱头生活力在适宜的条件下可持续 6 d~8 d，但 3 d~4 d 后授粉结实率显著下降。小麦授粉后 1 h~2 h 花粉粒开始萌发，经 24 h~36 h 完成受精过程。

(2) 小麦有性杂交技术。

① 确定组合，种植亲本：根据育种目标，确定杂交组合。根据双亲生育期调整播期。晚熟的早播，早熟的迟播或分 2~3 期播种，每期相隔 10 d~15 d，以确保花期相遇。

② 选穗及整穗：在小麦开始开花后，根据杂交组合，在母本种植区内，选择具有该亲本典型性状且健壮无病虫害的植株作为杂交母本株，选取刚抽出叶鞘但未开花、中部小穗的花药呈黄绿色的麦穗作为杂交母穗。用剪刀剪去上下部发育不良或过嫩的小穗，有芒品种剪去芒，每穗留中部小穗 8~10 个；用镊子夹去小穗上部的小花，每小穗只保留基部外侧两朵小花供去雄。如图 25-5 和图 25-6 所示。

图 25-5 选穗

图 25-6 整穗

③ 去雄：去雄工作从穗的一侧上部小穗开始顺序而下。一侧去雄完毕，再进行另一侧去雄工作，以免上部小穗的花药落在下部已去雄的小穗中。同时要避免遗漏。如图 25-7 所示。

常用的去雄方法有以下两种：

A. 裂颖法：去雄时，用左手中指和大拇指夹住麦穗再用食指从小花颖壳的顶端处轻轻压下，使内外颖处稍有缝隙。然后用镊子小心地除去 3 枚雄蕊的花药，注意不要把花药夹破及伤害柱头。裂颖法工作较为简便，能够获得较多的杂交种子。

B. 剪颖法：用剪刀剪去小花上部 1/3 左右的颖壳，然后用镊子从剪口处小心取出每朵小花中的 3 枚花药。这种方法操作方便，但剪去 1/3 颖壳后杂交种子的饱满度较差。

在去雄过程中，如花药破裂或伤及柱头，则将该小花除去，并将镊子浸入酒精以杀死所沾花粉。

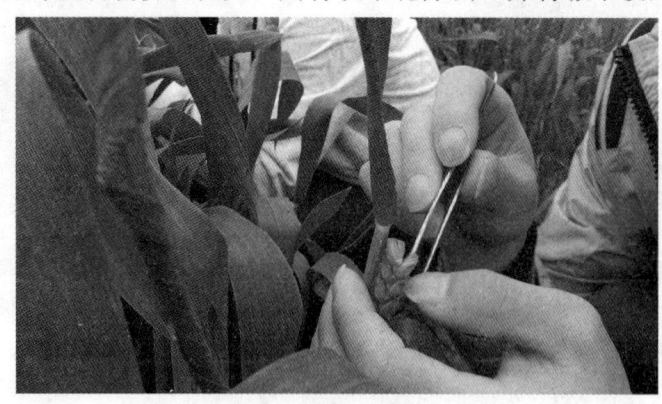

图 25-7 去雄

④套袋隔离：将麦穗上全部小花去雄后，立即套上透明硫酸钠纸袋，并将其下端斜折，用回形针别好。挂上小挂牌，小挂牌上注明母本品种名称、去雄日期、去雄花数、操作者姓名等。

⑤授粉：去雄后 1 d～3 d 内即可授粉，授粉通常在上午开花盛期时进行，阴雨天可略推迟。一般以上午 10 点左右较为适宜，下午 4 点以前亦可进行授粉。授粉前检查母本去雄穗的小花柱头，一般未成熟柱头不分叉，衰老的柱头萎蔫无光，授粉适期柱头呈羽毛状分叉，而且有闪闪发亮的特征。小麦花粉生活力的长短与温湿度关系甚大。在 42 ℃ 高温条件下经 30 s，花粉即丧失发芽力。在 10 ℃ 以下温度及 50% 以上湿度条件下保藏花粉，虽能保持正常发芽力，但其结实率不如直接授粉法高。如图 25-8 所示。

常用的授粉方法有以下三种：

A. 花药授粉法：授粉时先选取穗中部已有花药露出颖外的父本植株，用镊子取下花粉成熟的黄色花药，放在去雄穗的小花柱头上。轻轻涂抹授粉，在每朵小花中放入 1 枚花药。

B. 花粉授粉法：选取正在开花的父本植株，在穗子上套一玻璃纸袋，弯下穗子并轻轻拍打采集花粉。然后用毛笔蘸取花粉，按小花顺序依次进行授粉。

C. 捻穗授粉法：这一方法适用于剪颖去雄法的穗子，用长约 15 cm、两头均不封口的玻璃纸袋套住全穗。纸袋下端斜折，上端平折，分别用大头针别住。授粉时把正在开花的父本穗子倒插入纸袋，在母本穗子上空捻转数次，让父本花粉撒落在小花柱头上。

本实验任选两种授粉方法进行，比较其结实率的高低。

图 25-8 授粉

⑥套袋和挂牌：授粉完成后套上硫酸钠纸袋，并挂上小挂牌。小挂牌上写明组合名称或代号、授粉日期和操作者姓名，挂在麦穗和剑叶叶鞘间，注意不要损伤旗叶和穗下节。如图 25-9 所示。

图 25-9 套袋、挂牌

⑦收获：小麦杂交后受精迅速，在授粉后 4 d～5 d 即可检查，凡柱头枯萎、子房膨大者，说明已结实。25 d～30 d 待种子成熟后收获杂交种，及时按组合将杂交穗收回，晒干脱粒调查结实率，并按组合或代号登记、编号，以备下季种植。

6. 注意事项

(1) 去雄时不要弄折其他麦穗，去雄要干净彻底。
(2) 去雄和授粉时不要损伤柱头，套袋时不能损伤旗叶和穗下节。
(3) 授粉一周后要去掉硫酸钠纸袋。

7. 参考文献

[1] 张明菊主编. 园林植物遗传育种[M]. 2 版. 北京：中国农业出版社，2008.
[2] 作物杂交育种[EB/OL]. 百度百科.
[3] 潘家驹主编. 作物育种学总论[M]. 北京：农业出版社，1994.
[4] 张天真主编. 作物育种学总论[M]. 北京：中国农业出版社，2003.

8. 科学史话

杂交育种法源于 1719 年 T. 费尔柴尔德以石竹科植物为材料进行的杂交，首次成功获得了杂交种。1761 年—1766 年 J. 科尔罗伊特进行了烟草杂交试验，认为杂种一代的性状介于双亲之间，且有优势表现。19 世纪初，T. A. 奈特提出杂交是获得许多"性状新组合"的方法。J. 高斯、G. F. 加特纳和 C. H. 诺丹等许多科学家都注意到杂种一代的一致性和杂种二代的多样性。1860 年 F. F. 哈利特将 1856 年德维尔莫兰所创立的维氏分离原则和后裔测定法运用于杂交育种，此法即现行系谱法的基础。1900 年在孟德尔 1866 年提出的遗传定律被重新提出以后，杂交育种虽然开始有了初步遗传理论做指导并取得一定进展，但 20 世纪初更多的人仍然凭个人经验为主。1904 年加拿大的 A. P. 桑德斯和 C. P. 桑德斯用杂交方法育成了以优质丰产闻名于世的春小麦品种马奎斯。此后，随着遗传学的发展、各种鉴定技术的进步和生物统计方法的运用，杂交育种工作逐步形成一套比较完整的操作体系。

我国的杂交水稻研究始于 1964 年，1973 年利用三系法成功制得强优高产杂交水稻组合，并于几年后在生产上大面积应用。20 世纪 70 年代后，我国科学家又开始了具有更大优势的两系法研究，并在 80 年代得到关键点的成功突破，两系法育种开始飞速发展，如今在超级稻研究中已取得突破性进展。我国的水稻杂种优势利用研究在国际上处于领先地位。

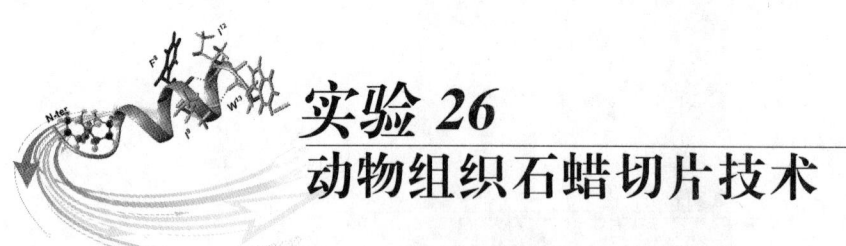

实验 26
动物组织石蜡切片技术

1. 实验目的

(1) 熟练掌握石蜡切片的方法；
(2) 掌握永久制片的制作过程，为研究植物的内部结构奠定基础；
(3) 学会植物内部结构的比较研究方法。

2. 实验原理

观察生物组织的方法很多，但总的来说可以归纳为两大类，即非切片法和切片法。非切片法是不用切片机、不经切片操作而制片的方法，包括整体封藏法、涂片法、压碎法、浸渍分离法等。此类方法操作简单而快，组织各个组成部分均不被切断，能保持原有状态，但在压碎标本时，因组织受压迫，造成某些组成部分的正常关系位置有所变动，这是它的缺点。切片法是必须依靠切片机将组织切成薄片的方法。在切成薄片以前必须设法使组织内渗入某些支持物质，以使组织保持一定的硬度，然后使用切片机进行切片。根据所用支持剂的种类不同，可分为石蜡切片法、火棉胶切片法、冰冻切片法等类型。切片法操作比较复杂。

组织切片技术是组织学、胚胎学、生理学、动物学等生物科学及病理解剖学等医学科学研究观察细胞和组织的生理、病理形态变化的一种主要方法，用以补充生活观察的不足。因生活观察不仅不易看清细胞、组织的微细结构，且操作复杂，但利用切片法，经过材料固定、脱水、包埋等步骤后就可将材料切成极薄的片子，再用不同的染色方法即可显示不同细胞和组织的形态，以及细胞和组织中某些化学成分含量的变化。另外，切片便于保存，所以切片法是教学和科研中的常用方法。

近代物理学、化学及生物学等学科的发展，为组织切片方法提供了丰富的知识和条件。如现代染料化学的成就为组织学家提供了不少宝贵的试剂，近代物理学的发展为组织切片方法提供了新的技术及设备，使组织切片方法不断地更新。

石蜡切片技术包括组织固定、组织蜡块的制备、石蜡切片及切片染色等主要环节，其步骤包括固定、取材、脱水、透明、浸蜡、包埋、切片、展片、捞片、烤片、脱蜡、染色、脱水、透明、封片。其中任一步骤都会直接影响下一步骤的质量好坏。就目前来说，石蜡组织制片和染色中，福尔马林固定和常规 HE(苏木素—伊红)染色是最为常见也是相关工作者必须掌握的基本技术。

3. 实验仪器和试剂

(1) 仪器：石蜡切片机、烘箱、恒温水浴锅、显微镜、染色缸、小培养皿、镊子、毛笔、吸水纸、包埋盒、载玻片、盖玻片等。

(2) 试剂：10%中性福尔马林、二甲苯、酒精(100%、95%、80%、70%、50%)、蒸馏水、甘油、苏木素染液、伊红染液、中性树胶等。

4. 实验材料

动物的新鲜组织。

5. 实验方法与步骤

(1) 处死：制作切片的第一步首先是要处死动物，取下需做切片的材料。处死动物的方法很多，常依据动物大小、种别及观察目的而定。例如青蛙、小鼠等类较小的动物，可用断头法处死，即用大号剪刀剪断颈部，迅速将动物倒提放血，如反射尚未消失，可用金属探针插入脊髓管，破坏其脑脊髓；一些较大的动物如兔子、猫等可用空气栓塞法，此法迅速方便，但各脏器淤血明显，脑和心可发生人为性病变；也可用扑杀法，即用木槌从头后部给予猛击，使其颈椎脱位、延髓急性损伤而死；或用麻醉法，将动物闷在盛有乙醚或氯仿的密闭容器内，使其麻醉致死（用此法处死的动物常有肺部充血、呼吸道分泌物增多的病变）；或在容器中通入煤气，使其发生急性煤气中毒而死亡。总之在处死动物时，无论采用哪种方法，都要尽力避免使动物长时间陷于痛苦和濒于死亡状态，以免使动物的组织细胞成分结构发生变化，或引起病理假象。

(2) 取材和固定：在熟悉动物解剖结构的基础上，根据实验目的，有选择地取得新鲜的组织和器官。取材动作要轻而迅速，所取的材料要小而薄，并立即投入生理盐水漂洗。所谓固定就是将我们要观察的新鲜组织从动物体取下后立即投入固定剂内，借助化学药品的作用使细胞组织的形态结构被保存起来，不致改变其形态或变质的一种操作。因为动物死后血液循环停止，细胞逐渐死亡，如不立即处理，则细胞内的酶（水解酶）会使蛋白质分解为氨基酸并渗出细胞，使细胞被溶解破坏，组织变形，发生组织自溶现象，更可由于微生物的繁殖而造成机体腐败，组织结构破坏，失去原来的结构，也就失去了制片的意义。因此，固定是制片过程中的一个重要环节。固定操作成败的关键，与固定剂及标本本身的性质有密切的关系，要根据材料的具体要求来选择合适的固定剂。常用的固定剂见表 26-1。

表 26-1 常用固定剂的配制

名称	配制方法
10%福尔马林液	37%～40%福尔马林液 10 mL，加 90 mL 蒸馏水
福尔马林生理盐水液	37%～40%福尔马林液 10 mL，加氯化钠 0.85 g～0.9 g，再加蒸馏水 90 mL
福尔马林钙溶液（临用前配制）	37%～40%福尔马林液 10 mL，加氯化钙 2 g，再加蒸馏水至 100 mL
中性缓冲福尔马林液（NBF 液）	37%～40%福尔马林液 10 mL，加蒸馏水 90 mL，再加磷酸二氢钠 0.4 g 和磷酸氢二钠 0.65 g
福尔马林缓冲液（Carson 改变液，1973）	37%～40%福尔马林液 10 mL，加普通水 90 mL，再加磷酸二氢钠 1.86 g 和氢氧化钠 0.42 g
福尔马林—溴化铵液	37%～40%福尔马林液 15 mL，加蒸馏水 90 mL，加溴化铵 2 g，再加蒸馏水 85 mL
Helly 固定液	氯化汞 5 g，重铬酸钾 2.5 g，硫酸钠（$Na_2SO_4 \cdot 10H_2O$）1 g，蒸馏水 100 mL，临用前加 37%～40%福尔马林液 5 mL
Zenker 固定液	配法同 Helly 固定液，但临用前不加福尔马林液而加 5 mL 冰醋酸
Susa 固定液	蒸馏水 80 mL，37%～40%福尔马林液 20 mL，冰醋酸 4 mL，三氯醋酸 2 g，氯化汞 4.5 g，氯化钠 0.5 g
Bouin 固定液	苦味酸饱和水溶液 75 mL，37%～40%福尔马林液 25 mL，冰醋酸 5 mL
Gendre 固定液	苦味酸 95%酒精饱和液 80 mL，37%～40%福尔马林液 15 mL，冰醋酸 5 mL
Rossman 固定液	苦味酸无水酒精液 90 mL（4.9 g 苦味酸加无水酒精 100 mL），中性浓福尔马林液（约 40%）10 mL
Muller 液	重铬酸钾 2.5 g，硫酸钠 1 g，蒸馏水 100 mL
Regaud 液（Moller）	3%重铬酸钾 80 mL，临用前加 40%福尔马林液 20 mL

续表

名称	配制方法
Orth 液	重铬酸钾 2.5 g，硫酸钠 1 g，蒸馏水 100 mL，临用前加 37%～40%福尔马林液 10 mL
Barcroft 液	5%重铬酸钾水溶液 60 mL，1 mol/L 醋酸钠 10 mL，40%福尔马林液 12 mL，蒸馏水 18 mL
Carnoy 固定液	无水酒精 60 mL，氯仿 30 mL，冰醋酸 10 mL（临用前配）
Carnoy-Lebrun 液	无水酒精 15 mL，氯仿 15 mL，冰醋酸 15 mL，氯化汞 4 g（临用前配）
Flemming 强固定液（Lillie）	2%锇酸水溶液 20 mL，1%铬酸 75 mL，冰醋酸 5 mL（临用前配）
Altmann 固定液	2%锇酸水溶液 10 mL，5%重铬酸钾水溶液 10 mL（两液临用前混合）
1%锇酸—0.12 mol 磷酸缓冲葡萄糖液（Millonig, 1962）	贮存液 A：2.26% $NaH_2PO_4 \cdot 2H_2O$，B：2.52% NaOH，C：5.4%葡萄糖。将 A 液 41.5 mL 与 B 液 8.5 mL 混合后调 pH 7.3～7.4，取 A、B 混合液 45 mL 加 C 液 5 mL，最后加 0.5 g 锇酸
戊二醛固定剂（光镜用）	25%戊二醛水溶液 10 mL，0.06 mol/L 磷酸钠缓冲液（pH 7.2～7.4）加至 100 mL

(3)洗涤与脱水：在固定后一定要把渗入组织材料里面的固定液洗去，然后才可进行下一步骤的操作。选用洗涤方法有一定的原则，视固定剂的种类不同而定。洗涤必须彻底，有的材料可用流速适中的水冲洗，有的材料在组织固定后要换用酒精定时定量漂洗，以完全洗去组织中所附的固定液。洗涤完成后，将材料依次经 70%、80%、90%各级乙醇溶液脱水，各 30 min，再依次用 95%、100%浓度各脱水 2 次，每次 20 min。

(4)透明：脱水后还需借助某种有机溶剂将材料组织内残存的水分完全置换出来，有时还需用一定量的高浓度脱水剂与该有机溶剂混合使用一次。经石蜡包埋的组织经过这道工序呈半透明状，因此称为"透明"。常用的透明剂为二甲苯。

(5)石蜡包埋及切片：将透明剂中取出的组织放入 1/2 甲苯和 1/2 石蜡中，2 h 以后再放入纯蜡内，换 3 次，每次 1 h。选用熔温为 56 ℃～58 ℃的石蜡作包埋。浸蜡完成后将组织制成包埋蜡块，做好标记。蜡块制成后进行修整，将蜡块修成方形（组织切片面朝上），或略呈梯形。组织四周留 3 mm～4 mm 空隙，将蜡块贴于木托上。用轮转式切片机切片，用毛笔从蜡片带背面托起蜡片带，背面朝下放在盘中。

(6)展片、贴片与烤片：选取适当长度的切片，将光亮的切面向下摊于恒温 35 ℃水浴锅内的温水水面上，使切片平展于水面上。将涂过少许蛋白甘油的载玻片沉至切片下方，然后抬起载玻片以将切片取出。最后将切片置于 56 ℃烘箱内烘干，需时 2 h。

(7)脱蜡与复水：干燥后的切片需脱蜡及复水才能在水溶性染液中进行染色。一般用二甲苯溶脱蜡，再逐级经梯度酒精复水。如果脱蜡不彻底，材料染色就困难。脱蜡后的材料从高浓度乙醇(100%)开始，逐级进入低浓度乙醇溶液，最后一级通常是 30%乙醇溶液或蒸馏水，以使材料中的水分逐渐增加。如果不经复水，而将材料脱蜡后直接投入染色剂中，材料就会严重变形，甚至难以染色。

脱蜡与复水的顺序是：二甲苯→1/2 二甲苯+1/2 100%乙醇→100%乙醇→95%乙醇溶液→85%乙醇溶液→70%乙醇溶液→50%乙醇溶液→30%乙醇溶液→蒸馏水→染色。以上各级均需 5 min～10 min。

(8)染色：将切片放入苏木素染缸中染色约 10 min～30 min。染色时间应根据染色剂的成熟程度及室温高低适当缩短或延长。室温高促进染色，染色时间可短些；否则可适当延长染色时间，冬季室温低时还可放入恒温箱中染色。

(9)水洗:用自来水流水冲洗约15 min,使切片颜色变蓝(或放入碱性水中),但要注意水流不能过大,以防切片脱落。

(10)分化:将切片放入1‰盐酸—乙醇溶液中褪色,约2 s至数十秒钟,见切片变红、颜色较浅即可。

(11)漂洗:再用自来水流水冲洗切片,使其恢复蓝色。

(12)脱水Ⅰ:将切片依次放入50%乙醇溶液、70%乙醇溶液、80%乙醇溶液中,各3 min~5 min。

(13)复染:用0.5%伊红乙醇溶液对比染色1 min~3 min。伊红主要染细胞质,着色浓淡应与苏木素染细胞核的浓淡相配合,如果细胞核染色较浓,细胞质也应浓染,以获得鲜明的对比;反之,如果细胞核染色较浅,细胞质也应淡染。可在伊红乙醇溶液中滴加数滴冰醋酸助染,使细胞质容易着色,并且经乙醇脱水时不易褪色。

(14)脱水Ⅱ:将切片放入95%乙醇溶液中洗去多余的红色,然后放入无水乙醇中3 min~5 min。最后用吸水纸吸干多余的乙醇。

(15)透明:切片放入二甲苯Ⅰ、Ⅱ中各3 min~5 min。二甲苯应尽量保持无水,经常更换,或用纱布包无水硫酸铜放入染色缸内吸收水分。切片如在二甲苯中出现白雾现象,说明水未脱尽,应退回100%乙醇中重新脱水,否则切片难以镜检。

(16)封片:在切片中央滴一滴中性树胶并迅速用洁净的盖玻片封存(因切片经二甲苯透明,所以使用中性树胶作为封藏剂),树胶可用二甲苯稀释至合适的稠度。

(17)镜检:在显微镜下观察。染色结果为细胞核被苏木素染成蓝色,细胞质被伊红染成粉红色。如图26-1和图26-2所示。

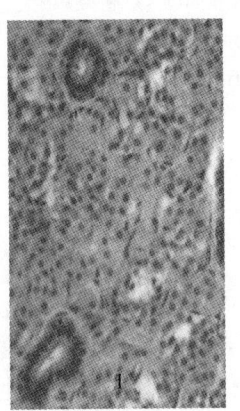 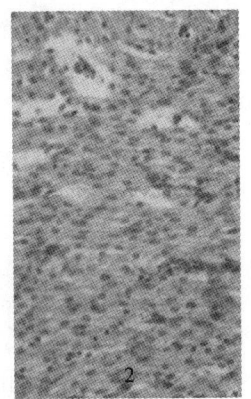

图26-1 双峰驼腮腺石蜡切片(HE染色)　　图26-2 鸡胚心脏石蜡切片(HE染色)

6. 注意事项

(1)取材和固定步骤

① 取材动作要迅速,不宜拖延太久,以免组织细胞的成分、结构等发生变化。

② 切片材料应根据需要观察的部位进行选择,尽可能不要损伤所需要的部分。

③ 一般固定液都以新配为好,配好后应贮存在阴凉处,不宜放在日光下,以免发生化学变化,失去固定作用。

④ 有些混合固定液的成分之间会发生氧化还原作用,一定要在临用前才混合,如果混合太早,固定时就没有作用了。

⑤ 固定材料时,固定液必须充足,一般为材料块体积的20~30倍,有些水分多的材料,其间应更换1~2次新液。

⑥ 材料固定完毕后，保存于严密紧塞或加盖的容器里，同时在容器外贴上标签，并随同材料在溶液中投入相应的标签，以免相互混淆。标签上注明固定液、材料来源、日期等，标签上的文字应用黑色铅笔或绘图黑墨水书写。

(2) 洗涤与脱水步骤

① 脱水必须在有盖的玻璃瓶中进行，防止实验材料吸收空气中的水分。

② 在更换高一级的脱水剂时，最好不要移动材料，以免损坏，可用吸管吸出器皿中的脱水剂，再用吸水纸吸尽器皿内剩余液，然后于器皿中加入高一级脱水剂。

③ 在低浓度酒精中，每级停留时间不宜太长，否则易使组织变软，加速材料的解体。

④ 在高浓度或纯的酒精中，每级停留时间也不宜太长，否则会使组织变脆，影响切片。

⑤ 如需过夜，应停留在70%酒精中。

⑥ 脱水必须彻底，否则不易透明，甚至使透明剂内出现白色混浊现象。

(3) 透明步骤

① 使用透明剂时，要随时盖紧盖子，以免空气中的水分进入。

② 更换每级透明剂时动作要迅速，一方面为了不使材料块干涸，另一方面也能避免材料吸收空气中的水分。

③ 在透明过程中，如果材料周围出现白色雾状，说明材料中的水未脱净，应退回纯酒精中重新脱水，然后再进行透明操作。

7. 参考文献

[1] 芮菊生等编. 组织切片技术[M]. 北京：人民教育出版社，1980.

[2] 杨捷频. 常规石蜡切片方法的改良[J]. 生物学杂志，2006，23(1)：45-46.

[3] 刘育艳. 制作优质实验动物组织切片的有效方法[J]. 山西医科大学学报，2001，32(3)：275-276.

[4] 陈忠和，杨宝麟主编. 神经组织切片技术指导[M]. 北京：北京医科大学、北京协和医科大学联合出版社，1994.

8. 科学史话

石蜡切片技术应用已经有300多年的历史，随着科学技术的进步和发展，石蜡切片技术也在不断地发展。1665年，英国人胡克首次用自制的复式显微镜观察了软木及其他植物组织的薄片，胡克用来制作薄片的小刀可以称为最早的组织"切片机"。一个世纪之后，英国植物学家John Hill设计了世界上第一台真正意义上的切片机，虽然这台切片机精度还不高，但这一发明彻底改变了徒手制备生物组织切片的历史。1883年，在剑桥大学车间里诞生了第一台轮转式切片机。这种切片机能够切出足够薄的连续切片供显微观察。1894年，Rudolf Jung开发了第一台滑动式切片机，能重复制作出薄而平整的切片。此后大量精确而易于操作的切片机不断问世，标志着组织学的发展进入了一个新时代。随着科学技术和机械制造技术的进步，如今，生物切片机已发展到包括五大系列共上百个品种，这五大系列即轮转式切片机、平推式切片机、恒温冷冻切片机、振动切片机和超薄切片机。

石蜡切片法不仅是经典的方法，也是最基本的方法，它与其他新的技术方法相结合，使传统的老技术扩大了应用范围，开辟了许多新领域，增加了许多新的研究和观察内容。如石蜡切片技术与免疫学技术结合构成免疫组织（细胞）化学技术，利用抗原与抗体的特异性结合原理，检测组织切片中细胞组织的多肽及蛋白质等大分子物质的定性和定位观察研究。

附录 实验报告

实验1 植物细胞减数分裂的制片与观察实验报告

(1)简述你观察到的玉米花粉母细胞减数分裂各期的特征。

(2)你认为本实验的成功关键是什么?

(3)玉米雄花序太大或太小对实验结果各有什么影响?为什么?

(4) 醋酸洋红和改良苯酚品红染液的染色结果有什么区别?

(5) 除了玉米雄花序是用于观察细胞减数分裂各期的好材料外,还有哪些植物或动物材料可用于此实验?分述其优缺点。

实验 2　动物细胞减数分裂的制片与观察实验报告

(1)减数分裂中同源染色体的配对和分离、染色单体的交换和分离各发生在哪些时期?

(2)生物进行减数分裂有什么重要意义?

(3)绘出你观察到的公鸡精母细胞减数分裂各期特征简图。

(4)简述减数分裂各期特征以及本实验的制片过程中的注意事项。

实验 3 分离定律的验证实验报告

(1)每组将各代正、反交和测交的结果填入表1。

表 1 结果记录表

F_2	常翅	残翅	总数
实验观察数(O)			
理论数(3:1)(C)			
偏差(O−C)			
$(O-C)^2/C$			
$\chi^2=\Sigma(O-C)^2/C$ 自由度=1 查 χ^2 数值表 $P=$			

①正、反交 F_1 代的表型及个体数。分析基因间的显隐关系。
②测交 F_1 代的表型、个体数及不同表型的比例。这种结果的产生说明了什么问题?
③正、反交 F_2 代的表型及个体数。分析不同表型个体数的比例关系,比较正、反交的实验结果。
④整理记录结果,分别做卡方检验,看其是否符合分离定律。F_1 代要多于 30 只,F_2 代要多于 50 只。记录好释放时间(亲代和 F_1 代)。

自交 F_2 代为两种表型,结果是否符合 3:1 的分离比,需用卡方进行适合度检验,在自由度 df(即分离类型组数 N 减去 1)=1 时,$\chi^2=\Sigma(O-E)^2/E$,查 χ^2 数值表(见表 2)得概率值 P,进行差异显著性水平检验:如果 $P>0.05$,表示差异不显著,说明实验观察数与理论数相符合,该实验结果符合分离定律;如果 $P<0.05$,表示差异显著,说明实验观察数与理论数不相符;如果 $P<0.01$,表示差异极显著,说明实验观察数与理论数极不相符,该实验结果不符合分离定律。

表 2 χ^2 数值表

P \ df	0.99	0.95	0.50	0.10	0.05	0.02	0.01
1	0.0016	0.0039	0.15	2.71	3.84	5.41	6.64
2	0.0201	0.103	1.39	4.61	5.99	7.82	9.21
3	0.115	0.352	2.37	6.25	7.82	9.84	11.35
4	0.297	0.711	3.36	7.78	9.49	11.67	13.28
5	0.554	1.145	4.35	9.24	11.07	13.39	15.09

(2)如何准确辨别雌、雄果蝇？

(3)一对相对性状杂交 F_1 代基因型分析的方法有哪些？

(4)除果蝇外，验证分离定律还可用哪些经典实验材料？

实验 4　植物细胞有丝分裂的制片与观察实验报告

(1)绘出蚕豆根尖细胞有丝分裂中期染色体图。

(2)前处理的目的是什么？

(3)解离的目的是什么？解离的方法有哪些？

实验 5　动物染色体标本的制片与观察实验报告

(1) 分别说明腹腔注射秋水仙素溶液预处理、低渗处理和固定的作用。

(2) 描绘小鼠染色体的基本特征。

(3)讨论怎样操作才能制作出良好的小鼠染色体制片。

实验 6 核型分析实验报告

(1)将测得数据填入下表，判断染色体类型。

编号	绝对长度 (μm)	相对长度	短臂(μm)	长臂(μm)	臂比	着丝粒指数	随体有无	染色体类型
1								
2								
3								
4								
5								
6								
⋮								

(2)根据测得数据,排好蚕豆染色体核型图。

实验 7　蚕豆根尖细胞微核检测技术实验报告

(1)微核是如何形成的？

(2)利用微核试验可以检测水环境的污染状况，评价标准是怎样的？

(3)有哪些因素会导致微核数增加?

实验 8　果蝇培养与遗传性状的观察实验报告

(1)在体视显微镜或放大镜下观察不同性别黑腹果蝇的外形、腹部背面和末端、第一对足的形态结构及其区别，记录在下表中。

	体型	腹部背面	腹部末端	性梳及位置	其他
雌					
雄					

(2)观察几种黑腹果蝇突变型，将其性状记录在下表中。

	眼色	体色	翅形	翅长	刚毛性状	其他
野生型						
黑体白眼						
黑檀体						
白眼小翅焦刚毛						
残翅						

(3)除果蝇外，请再列举几种遗传研究中常用的模式动物、植物、微生物，写出并记住它们的拉丁名。这些模式生物主要应用于遗传学哪些分支学科的研究中？

实验 9　果蝇唾腺染色体观察实验报告

(1)绘制分离得到的果蝇唾腺和观察到的果蝇唾腺染色体图像。

(2)准确描述你所观察到的果蝇唾腺染色体，其巨大染色体有哪些形态特点？

(3)雌、雄果蝇的唾腺染色体有什么区别?

(4)唾腺染色体上染色深浅和粗细不同的横纹说明了什么?

实验 10　脉孢菌的有性杂交实验报告

(1) 绘出观察到的子囊孢子的图像。

(2) 借助显微镜观察 8 核子囊中黑、灰子囊孢子的排列顺序，根据子囊孢子 6 种类型的排列顺序进行分类和统计。将观察到的子囊类型和数目填入下表（观察总数不少于 100 个），并应用着丝粒作图原理，对统计结果进行计算分析，求得重组值和图距。

脉孢菌杂交子囊类型与数量统计表

子囊类型	观察数量	总计
＋＋＋＋－－－－		
－－－－＋＋＋＋		
＋＋－－＋＋－－		
－－＋＋－－＋＋		
＋＋－－－－＋＋		
－－＋＋＋＋－－		

(3) 记录观察到的基因转变现象。

(4)在计算重组值的公式中,1/2 的含义是什么?

(5)假设在基因与着丝点之间发生了双交换,统计数据和计算结果会发生怎样的偏差?

(6)画图表示第六种子囊类型。

实验 11　细菌的三亲本杂交实验报告

(1)细菌三亲本杂交过程中,辅助质粒有什么作用?

(2)滤膜杂交时,能否使用 SM 培养基?为什么?

(3)你认为在本实验中,转移频率受哪些因素的影响?

(4)将 *S. fredii*、*E. coli* MM294(pRK2013)与 *E. coli* DH5α(pHNC3)两两混合分别进行杂交,是否都能出现转移结合子?为什么?

实验 12　拟南芥基因组 DNA 的提取纯化及浓度测定实验报告

(1)提取植物基因组的方法有哪些？各有何优缺点？

(2)CTAB 法是怎样实现基因组 DNA 与 RNA 分离的？

(3)本实验中所用到的各试剂(CTAB、氯仿、异戊醇、异丙醇、70%乙醇、EDTA)的作用各是什么？

(4)用 TE 溶液溶解的 DNA,其中的 EDTA 会不会对后续的 PCR、限制性酶切等实验产生不利影响?为什么?

(5)导致 DNA 降解的因素有哪些?

实验 13　拟南芥叶片总 RNA 的提取及浓度测定实验报告

(1)实验中所用 RNAiso Plus 或者 Trizol 试剂有哪些作用？

(2)本次实验成功的关键在哪些步骤？

(3)如何去除 RNase 对实验的影响?

实验 14　RNA 电泳检测实验报告

(1) RNA 电泳为什么要进行预电泳？

(2) 单链 RNA 为何仍可用 EB 等染色剂染色再进行紫外观察？

(3)要避免 RNA 在电泳过程中降解应注意哪些问题？

(4)如何评判 RNA 的电泳结果？

实验 15　RT-PCR 法研究基因的表达实验报告

(1)研究基因的表达还有哪些方法？各有何优缺点？

(2)如何根据 RT-PCR 的电泳结果确定基因的表达情况？

(3)为什么进行实时 RT-PCR 分析时扩增循环次数不能过多?

(4)为什么用于基因表达分析的 RT-PCR 必须要有内参基因作对照?

实验 16　Northern 杂交研究基因的表达实验报告

(1)检测基因表达水平的方法有哪些？

（2）Northern 杂交技术与其他研究基因表达的方法相比，有何优缺点？

实验 17　转基因烟草实验报告

(1)简述植物遗传转化的方法。

(2)简述植物细胞转化的共整合系统。

(3)简述植物细胞转化的双元系统。

(4)如何判断外源基因已经转入受体植物细胞?

实验 18　拟南芥的转化及转基因植株表型分析实验报告

请根据具体所转的基因，按照表 18-1 和表 18-2 制作表格，比较和分析转基因拟南芥和野生型拟南芥的各项生理指标差异。

实验 19　蛋白质亚细胞定位分析实验报告

(1)在进行目的蛋白与 GFP 融合表达载体构建时,应该注意哪些事项?

(2)在进行 GFP 荧光观察时,为什么要选取根组织而不是叶片等其他组织进行荧光观察亚细胞定位分析?

实验 20 酵母单杂交技术验证 DNA 与蛋白质的相互作用实验报告

(1)为何含不同 DNA 片段的 pBait-AbAi 的 Y1HGold 会表现出对不同浓度的 AbA 抗性？

(2)除了酵母单杂交技术以外还有哪些方法可以检测DNA与蛋白质的相互作用？各自的优缺点是什么？

实验 21　酵母双杂交系统实验报告

(1) 为什么进行互作蛋白筛选前要做自激活检测和毒性检测?

(2) 简述酵母接合后要筛选二倍体细胞的原因。

(3) 简述各种营养缺陷型培养基的用途。

(4) 为什么筛选结果需要进行回转验证?

实验 22　蛋白质双向电泳实验报告

(1) 胶条水化时,水化液体积太多或太少分别会有什么影响?

(2) 等电聚焦时,如果电流过大应该如何调整聚焦程序?

(3)分析出现以下图像的原因,并对自己实验中遇到的各种问题进行分析。

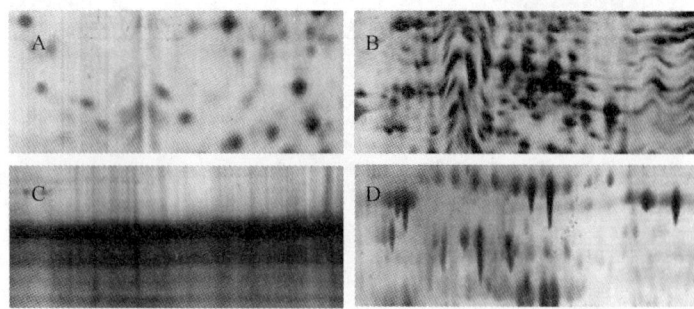

实验 23　植物免疫组织化学技术实验报告

(1)出现假阳性或假阴性的因素可能有哪些?

(2)在实验中,如果出现大量非特异性免疫标记,可能的原因是什么?该如何调整实验方案,降低背景?

(3)除 DAB 显色法以外,还有什么检测方法?各自的优缺点是什么?

(4)为什么在免疫标记时加入一抗前封闭非特异性位点用的是正常二抗同源动物血清?能否用正常一抗同源动物血清?为什么?

实验 24　人群中 PTC 味盲基因频率的分析实验报告

(1) 通过人味觉性状在人群中分布的调查结果，计算该性状的基因频率和基因型频率，并应用 χ^2 检验确定该群体是否属于 Hardy-Weinberg 遗传平衡群体。若不是平衡群体，可能的原因有哪些？为了降低因样本含量少而引起的误差可综合多个班的调查结果进行分析。

(2)在所调查的群体中男性与女性之间的味盲率有无显著差异？

实验 25　植物有性杂交技术实验报告

(1) 按下表填写实验结果，并对结果进行分析比较。

杂交组合	授粉方式	去雄花数	授粉花数	结实数	结实率%

(2) 查资料说明水稻的温汤去雄法。

(3) 如何提高杂交种的产量和质量？

(4) 试述杂交育种的基本程序。

(5) 异花授粉植物的杂交中应注意哪些问题？为什么？

实验 26　动物组织石蜡切片技术实验报告

(1)取材和固定时需要注意什么?

(2)切片中易出现哪些问题?试分析出现这些问题的原因。

(3)为什么将切片放入1%盐酸乙醇溶液中褪色?

(4)用流程图的形式总结石蜡切片制作过程。